Wer das Gleichgewicht stört...

Ein leicht verständlicher Beitrag zur aktuellen

Klimadiskussion, deren Folgen und warum wesentliche Fakten verschwiegen werden.

von

Wilfried Lemm

2021

Herstellung und Verlag:
BoD – Books on Demand, Norderstedt

ISBN: 9783755754114

Inhalt

Einleitung

Bei der Titelvergabe zu diesem Buch lehne ich mich an ein Werk der Weltliteratur an. Nicht ohne Grund! *„Wer die Nachtigall stört..."* heißt der Roman der US-Amerikanerin Harper Lee, der den Originaltitel trägt: *„To Kill a Mockingbird."* Dort wird nicht verharmlosend von *Störung* gesprochen, sondern vom *Töten*. Auch wird dort nicht romantisierend eine Nachtigall gestört, sondern es wird von einem Spottvogel, der Spottdrossel, gesprochen, die getötet wird. Ich kenne die Fähigkeit dieses Vogels durchaus, wenn er mich mit seinem erstaunlich nachahmenden Gesang zum Telefon eilen ließ, meine Frau aber endlose Male mit „Grüezi Birgit" begrüßte. Der Originaltitel dieses Romans lässt das Bedrohliche erkennen, während die deutsche Übersetzung verharmlost.

Der Titel *„Wer das Gleichgewicht stört!"* verharmlost nicht. Ich halte die derzeitige Klimadiskussion jedoch für unehrlich, heuchlerisch und lückenhaft, weil Fakten, gewiss unbequeme Fakten, verschleiert sogar verschwiegen werden. Eine erhöhte CO_2-Steuer wird es gewiss nicht lösen! Warum diese Irreführung bevorzugt wird, kann ich nicht sagen. Allerdings war es von jeher von Vorteil, ein verängstigtes Volk zu regieren. Angst lässt kuschen! Will man die Furcht aufrechterhalten?

Meine angeborene Leidenschaft sind die Naturwissenschaften und ich habe sie zu meinem Beruf gewählt. Diese Wahl hat mich ein Leben lang glücklich gemacht! Ich bin Chemiker und unterrichtete auch Chemie. So Manchem löschte ich seine zutiefst innere Überzeugung: *„Das verstehe ich niemals!"*, aus seinem Repertoire an hinderlichen Blockaden. Ich musste es nur bedarfsgerecht erklären, insbesondere fremd klingende Worte und Begriffe erklären, die in allen Wissenschaften verwendet werden. Geschichten, Episoden und der historische Kontext waren dabei sehr hilfreich. Meine Gedanken und Argumente sind daher primär naturwissenschaftlich geprägt. Dennoch habe ich mich nie gegenüber geisteswissenschaftlichem, philosophischem, psychologischem und spirituellem Gedankengut verschlossen. Nur die unlogischen, bewusst filigran gedrechselten Konstrukte der Juristerei und die absurden Vorschriften, Erlasse und Verordnungen von Politikern und Behörden haben sich mir nie erschlossen. Wenn ich da tatsächlich mal was Vernünftiges oder gar nachvollziehbar Durchdachtes zu hören bekam, war ich fürbass sprachlos.

Einen weiteren Vorteil bieten Naturgesetze, sie gelten für alle und jeden. Keine Ausnahmen für Privilegierte! Sie faszinieren mich noch immer, auch wenn es immer weniger gibt, was einst noch als Wunder galt. Einst wurde die Menschheit in dieses System hineingeboren und, ohne es zu bemerken, adaptierten wir uns an diese Vorgaben. Wir wurden ein Teil dieses System. Wir sind ein Teil unserer irdischen Natur. Wir können diese Gesetze nicht außer Kraft setzen, ohne uns nicht selbst zu verletzen. Dieses System ist etwas, worauf wir uns total verlassen können. Wenn man will, kann man es als eine Art globaler Gerechtigkeit bezeichnen.

Erste Naturgesetze basierten auf Beobachtungen und einfachen Experimenten; wenn man dies oder jenes tat, stellte sich das gleiche, vorhersehbare Resultat ein. Dazu einige Beispiele:

Indigo ist ein schon seit vielen Jahrtausenden verwendeter pflanzlicher, milchig-weißer Farbstoff für Textilien. Er entsteht aus den Säften der Indigopflanze, der sich in Wasser spaltet und an Luft zu einem blauen Farbstoff oxidiert. Er wurde erst in der Neuzeit durch synthetische Farbstoffe ersetzt.

Der Mathematiker Archimedes aus Syrakus wusste etwa 250 Jahre vor Christi wenig von der Dichte, oder wie es früher hieß vom spezifischen Gewicht, als er mit der Krone seines Herrschers in die Badewanne stieg. Eine Krone aus purem Gold hätte deutlich schwerer wiegen müssen als die, die der Goldschmied anfertigte. „Heureka" soll er gerufen haben, als er nackt zu seinem König lief und den Betrug aufdeckte.

Erste Genmanipulationen vollzog man mit Züchtungen, das heißt man selektierte für den Menschen vorteilhafte Mutationen. Mendel systematisierte sehr viel später die nach ihm benannten Vererbungslehren.

Auch die einst übliche Dreifelderwirtschaft entstand durch eine kluge Deutung von Beobachtungen.

Gewissenhafte Wetterbeobachtungen waren eine unabdingbare Voraussetzung für gute Ernten. Alle dennoch vorkommenden Unwägbarkeiten schob man auf eine mehr oder weniger gnädige oder ungnädige Gottheit. Es entstand allgemein ein großes Verlangen, anhand von Erfahrungen und Beobachtungen, Vorhersagen über alle nur denkbaren Lebensbereiche zu entwickeln. In fast allen Kulturkreisen entstanden Varianten der Astrologie und andere schillernde Verfahren zur Voraussage künftiger Ereignisse.

Viel Genialität floss in die Entwicklung der Waffentechniken und in die Kunst der Kriegsführung.

Meilensteine in der Entwicklung der Menschheit waren die Herrschaft über das Feuer, die Erfindung des Rades und eine überragende Baukunst, die ohne das Hilfsmittel der Mathematik undenkbar wären. Erst die Einführung der Null verhalf der Mathematik zu einem unverzichtbaren Hilfsmittel, welches zuverlässige Voraussagen erlaubte.

Mönche erarbeiteten in ihren Klöstern ein wahrhaft bewundernswertes Brauereiwesen. Gewiss aus einer Not geboren, denn das Wasser war seinerzeit ein häufig kontaminiertes Getränk und Ursache zahlreicher Krankheiten und gar Seuchen. Hildegard von Bingen empfahl um das Jahr Tausend bei Unwohlsein, Wein zu trinken. Der US-amerikanische Präsident Benjamin Franklin soll ausschließlich Bier konsumiert haben.

Doch all diese Schilderungen haben nur wenig mit den präzisen Gesetzmäßigkeiten in den modernen Naturwissenschaften gemeinsam. Die ersten fundamentalen Naturgesetzmäßigkeiten formulieren einfache, zumeist abstrakte Abläufe oder Gesetzmäßigkeiten ohne mathematische Formeln. Hierzu einige Beispiele, insoweit sie für die Thematik dieses Buches von Bedeutung sind:

Wo *ein* Körper ist, kann kein *zweiter* sein.

Oder:

In einem abgeschlossenen System kommt nichts hinzu und geht nichts verloren. Wenn etwas Neues entsteht, muss Vorhandenes vergehen. Unser Lebensraum, das System *Erde* ist ein solch abgeschlossenes System. Der Gesamtkohlenstoffgehalt der Erde kann als konstant erachtet werden. Der Eintrag durch Sternenstaub und Meteorite sei vernachlässigbar gering.

Oder:

Energie kann weder erzeugt noch verbraucht werden. Die Summe aller Energieformen ist konstant. Ähnlich lautet der Satz von der Erhaltung der Masse. Masse oder Materie kann weder erzeugt noch verbraucht werden. Erst die moderne

Quantenphysik relativiert diese Aussagen. Masse und Energie können aber durchaus unterschiedliche Erscheinungsformen annehmen.

Oder:

Ein weiteres Gesetz ist das sogenannte Le Chatelier-Prinzip, das Gesetz vom kleinsten Zwang: Wird auf ein chemisches aber auch biologisches System ein Druck oder Zwang ausgeübt, so weicht das System diesem Zwang aus. Das Prinzip ist somit sehr allgemein gefasst, da es keine quantitativen Aussagen trifft. Trotzdem findet es häufig Anwendung, da eine qualitative Vorhersage oft ausreicht. Das leichte, fast reibungslose Gleiten von Ski, Schlitten oder Schlittschuhen lässt sich damit erklären. Übt man auf Eis einen Druck aus, das Gewicht des Sportlers auf die schmale, hohl geschliffene Kufe des Schlittschuhes, so erzwingen wir ein kleineres Volumen bzw. eine größere Dichte des tragenden Eises. Eis wird zu Wasser, weil Wasser bei $+4°C$ die größte Dichte und das geringste Volumen hat.

Nach dieser gewiss nicht vollständigen Auflistung an nur verbal abgefassten Gesetzmäßigkeiten sollen nun die durch mathematische Formeln beschriebenen Naturgesetze unser Verständnis vom Klimawandel bereichern. Heute kommt man zu Erkenntnissen anhand von aufwendigen mathematischen Operationen. Besonders das Gesetz von den Gleichgewichten erklärt die Interaktion verschiedener Einflussgrößen auf den Mechanismus der Klimaveränderung.

Das Gesetz von den Gleichgewichten, lässt nun ganz konkrete Berechnungen über Ursache und Wirkung zu. Dieses *Law of Balances*, im deutschsprachigen Raum auch weniger anschaulich das Massenwirkungsgesetz (MWG) genannt, ist wohl das bedeutsamste Gesetz, das zur Abschätzung der gegenwärtigen Klimaveränderungen von allergrößtem Nutzen ist. Unser Planet hat im Verlaufe seiner milliardenlangen Lebensgeschichte zu einem ausgewogenen Gleichgewichtszustand gefunden.

In einfachen Worten besagt dieses Gesetz, dass alle physiologischen und biologischen Systeme auf der Interaktion einer Vielzahl von chemischen Gleichungen beruhen, die sich in einem Gleichgewichtszustand befinden. Wird dieses Gleichgewicht durch einen äußeren Einfluss gestört, bemüht sich das System zu heilen, bis dieses ursprüngliche Gleichgewicht wiederhergestellt ist.

Unser Körper ist gesund, wenn sich all die Millionen von Stoffwechselreaktionen im Gleichgewicht befinden. Ein Ungleichgewicht empfinden wir häufig als Unwohlsein oder gar Krankheit. Wir unterstützen sodann unseren Organismus entweder durch Ruhe oder mit Medikamenten dabei, das Gleichgewicht neu einzustellen. Selbst bei lebensbedrohlichen Entgleisungen hält unser Organismus abgestufte Rettungsmaßnahmen zum Überleben bereit (Überhitzung, Erfrieren oder Hunger). Wenn diese Unterstützungsversuche versagen, tritt der Tod ein.

Chemiker nutzen ihre Kenntnisse über Gleichgewichtszustände, indem sie vorteilhafte Reaktionsbedingungen erarbeiten. In der Labor- als auch in der Großchemie wird in die Gleichgewichtseinstellung einer Reaktion eingegriffen, um die Produktion an Wunschprodukt zu beschleunigen oder um dessen Reinheit zu verbessern. Katalysatoren unterstützen diesen Prozess. In einer allgemein gehaltenen Schreibweise wird das Gesagte deutlich:

$$A + B \leftrightarrows C + D$$

In Worten: Die beiden Substanzen A und B reagieren zu C und D. Ihre Konzentrationen nehmen mit der Zeit ab, während die Konzentrationen der Reaktionsprodukte C und D zunehmen. Nun reagiert aber C und D zurück zu A und B. Im Gleichgewicht reagieren A und B zu C und D genauso schnell wie C und D zu A und B. Beide Reaktionswege befinden sich in einem dynamischen Gleichgewicht.

Setzt man nach Gleichgewichteinstellung die jeweiligen Produkte der Konzentrationen C ins Verhältnis, so erhält man eine Konstante K:

$$\frac{C_C \times C_D}{C_A \times C_B} = K$$

Diese Konstante K kann unterschiedlichste Zahlenwerte annehmen. Ist sie groß, ist die Ausbeute groß, denn das Gleichgewicht liegt auf der rechten Seite. Ist diese Konstante klein, so ist die Ausbeute gering, denn das Gleichgewicht liegt vorzugsweise auf der linken Seite. Diese Konstante hängt von den Konzentrationen und mehr oder weniger von der Temperatur ab. Das heißt, man kann über die Konzentrationen bzw. die Temperatur Einfluss auf K nehmen.

Doch nicht nur chemische Prozesse und physiologische beziehungsweise biologische Stoffwechselreaktionen stehen in einem dynamischen Gleichgewicht. Ein einfaches Beispiel wäre die Reaktion des Kohlendioxids mit Wasser zur Kohlensäure:

$$CO_2 + H_2O \rightleftharpoons H_2CO_3$$

Die Gleichgewichtskonstante für diese Reaktion beträgt nur 10^{-3}. Das heißt, dass nur ein Tausendstel oder 0,1 % zu Kohlensäure reagiert. Das Gleichgewicht liegt vorzugsweise auf Seiten der Ausgangsubstanzen. Kohlendioxid löst sich recht gut in Wasser, setzt sich aber nicht zur Säure um. 99,9% Kohlendioxid bleiben lediglich physikalisch in Wasser gelöst. Ein Liter Wasser ist unter Normalbedingungen in der Lage, etwa einen Liter CO_2-Gas zu lösen.

Das Massenwirkungsgesetz (MWG) ist ein fundamentales, universelles Naturgesetz. Es lässt sich auch auf komplexe biologische Systeme anwenden. Ein noch relativ einfaches Beispiel ist das Gleichgewicht zwischen Kohlendioxid-Erzeugern und den Kohlendioxid-Verbrauchern auf unserer Erde. Dies ist wohl die bedeutungsvollste Reaktionsgleichung, die den Erhalt unseres Lebens auf unserem Planeten beschreibt; immerhin ist unser Heimatplanet etwa $4,5 \times 10^9$ oder 4,5 Milliarden Jahre alt. Da liegt eine Menge Erfahrung vor:

$$6\,CO_2 + 6\,H_2O \; \rightleftharpoons \; C_6H_{12}O_6 + 6\,O_2$$

Fotosynthese   Atmung

In Worten: Kohlendioxid und Wasser werden unter den Bedingungen im Innern einer grünen Pflanzenzelle durch Licht und in Gegenwart des Energietransmitters Chlorophyll in einer Reihe von Einzelschritten zu einem Kohlehydrat synthetisiert. Diesen Prozess nennt man Fotosynthese. Als „Nebenprodukt" fällt Sauerstoff an. Wie fast alle Lebensformen benötigen wir Sauerstoff, um Energie für unsere Stoffwechselvorgänge bereitzustellen. Diesen Vorgang nennt man Atmung. Als Abfallprodukte fällt Kohlendioxid und Wasser an, die wichtigsten Nahrungsmittel der grünen Pflanzen, auch der Pflanzen unter Wasser. Bei Abwesenheit von Licht, atmen auch Pflanzen. Die Fotosynthese findet nur bei Anwesenheit von Licht statt. Aber nur der erste Schritt dieses insgesamt sehr komplexen Vorgangs benötigt Licht; man unterscheidet die Licht- und Dunkelreaktion. Beim Vorgang der Fotosynthese wird die Energie des Lichts - hauptsächlich das der Sonne - in chemische Energie in Form von Kohlehydrate umgewandelt und gespeichert. Unter allen Lebewesen sind wir Menschen die einzigen, die über die Atmung hinaus sowohl fossile als auch nichtfossile Kohlenstoffverbindungen als Energieträger verwenden, um unsere Nahrung zuzubereiten und um unseren Lebensraum auch in ungastlichem Umfeld zu beheizen. Erst seit wenigen Jahrhunderten fördern wir in ständig wachsendem Maße Kohle und Kohlenwasserstoffe aus der Tiefe der Erde, um Industriegüter für unsere Annehmlichkeiten, Mobilität und Wohlstand zu verwenden. Dabei fallen direkt oder indirekt über die Stromerzeugung gewaltige Mengen an CO_2 an.

Wir erinnern uns: Es gibt eben auch die Kohlendioxidverbraucher. In industriell betriebenen Treibhäusern wird die Luft mit Kohlendioxid angereichert, um Nutzpflanzen zu „füttern". Es ist das tägliche Brot all unserer grünen Pflanzen. Ohne dieses Gas würden sie verhungern. Und ganz beiläufig, mit ihnen auch wir. Wir beliefern die Pflanzenwelt mit Nahrung in Form von Kohlendioxid, und im Gegenzug beliefern sie uns mit Sauerstoff. In vielen Ländern der sogenannten Dritten Welt und der aufstrebenden Industriestaaten wird eine beispiellose Vernichtung der Kohlendioxidverbraucher betrieben. Mit Feuer und Kettensäge werden Jahrhunderte alte Wälder großflächig ausgerottet, fruchtbares Land in Wüste verwandelt, ein regelrechter Holocaust an der Pflanzenwelt. Wir erinnern uns: Wochenlang hingen dunkle Rauchwolken, verursacht durch Brandrodung auf den Inseln Sumatra und Java, über ganz Südostasien. Heute wundern sich diese Leute, die einst die Lunte an die Wälder legten, dass sie jetzt gnadenlos überflutet werden. Das Überangebot an CO_2 kann durch die schwindende Zahl an CO_2-Konsumenten nicht mehr kompensiert werden. Die Konzentration dieses Gases nimmt in unserer Atmosphäre zu!

Das gesamte Leben auf unserem Planeten baut sich also auf diesem fundamentalen Vorgang auf, dem Kreislauf des Kohlendioxids. Kohlendioxid hat eine fundamentale, Leben erhaltende Schlüsselstellung. Ohne CO_2 gäbe es kein globales und individuelles Leben. Es ist durchaus Wert, sich eingehender mit dieser Verbindung zu befassen!

Lassen Sie mich ein paar Fakten zur Natur, der Entstehung und der Verhaltensweisen des Kohlendioxids zusammentragen. Kohlendioxid ist ein Gas, das sich, da etwas schwerer als Luft, bei unbewegter Atmosphäre in Bodennähe anreichert. Es entsteht als energiearmes Endprodukt bei der Verbrennung kohlenstoffhaltiger, fossiler Brennstoffe, aber auch nachwachsender organischer Rohstoffe wie Holz, Agrarrückstände, Methan. Es entweicht aus mineralischen Quellen und Vulkanen, permanenten Brandherden (Kohlenflöze, brennende Öl-und Gasquellen) und es entsteht bei der natürlichen alkoholischen Gärung von Früchten und der Verrottung bzw. Kompostierung von Holz- Laub- und Gartenabfällen. Tierkadaver und abgestorbene Pflanzenreste verwesen unter Abgabe von CO_2. Es entweicht in beträchtlichen Mengen aus den Ozeanen, wenn sich das Wasser erwärmt. Beim Kalkbrennen wird ebenfalls CO_2 in die Atmosphäre abgegeben, das aber nach dem Verbauen des gelöschten Kalks wiederaufgenommen und zu Kalziumcarbonat (Kalk) umgesetzt wird. Fast jedes Lebewesen atmet Kohlendioxid aus, benötigt aber einen Teil für den Selbsterhalt, z.B. zur Stabilisierung der Wasserstoffionenkonzentration im Blut.

Über die Atmung hinaus benötigt einzig und allein der Mensch zusätzliche Energie, um diverses technisches Gerät zu betreiben, Nahrung zu zubereiten oder um Gebäude zu beheizen bzw. zu kühlen. Energie wird benötigt, um Rohstoffe zu gewinnen, zu recyceln oder zu veredeln. Wir unterziehen unsere Nahrung einer thermischen Behandlung, um sie für

14

uns genießbar zu machen und um sie weitestgehend zu sterilisieren. Wir verwenden dazu hauptsächlich fossile, energiereiche Brennstoffe wie Kohle, Gas und diverse Erdölfraktionen aber auch nachwachsende Energieträger wie Ethanol, Methan und biologische Öle. Kohlenwasserstoffe machen uns mobil und transportieren uns und unsere Handelsgüter über weite Strecken.

Kohlendioxid wird bei -78°C bereits fest (Trockeneis), ohne zuvor zu kondensieren. Unter geringem Druck lässt sich Kohlendioxyd durch Abkühlung dennoch verflüssigen. Als flüssiges Kohlendioxid verwendet man es in der Lebensmittelindustrie zur schonungsvollen Extraktion z.B. von Kaffee. Die koffeinhaltigen Extrakte werden direkt an die Getränkeindustrie zur Beimischung in Cola-Getränken geliefert. Andererseits verwendet man es als *CryoSnow* gerne zur Reinigung von Maschinenteilen.

Bei 15° C löst ein Liter Wasser etwa einen Liter Kohlendioxyd. Etwa ein Promille des in Wasser gelösten Kohlendioxyds setzt sich zu Kohlensäure (H_2CO_3) um. Die Kohlensäure ist eine schwache Säure und dissoziiert in zwei Stufen. Sie dient als Wasserstoffionenpuffer in unserem Blut. Kohlendioxid ist demnach ein vielseitig geschätztes und lebensnotwendiges Gas.

Allerdings hat CO_2 wie auch andere organische Verbindungen die Eigenschaft, die Infrarotstrahlung der Sonne in Wärme umzuwandeln. Wärme ist keine eigenständige Energieform. Als Wärme empfinden wir die Bewegungsenergie angeregter Gasmoleküle. Die erhöhte kinetische Energie der Gasmoleküle manifestiert sich in einer erhöhten Temperatur. Folgerichtig müsste es heißen, Kohlendioxid verfügt über die Eigenschaft die kinetische Energie der Gasmoleküle in der Atmosphäre zu erhöhen. Das tun auch andere Substanzen, die sich in der Atmosphäre befinden, z. B. in hohem Maße Wassermoleküle (Luftfeuchtigkeit) und andere Spurengase wie das Methan, das etwa 18mal klimarelevanter ist als das Kohlendioxid. Unsere Atmosphäre enthält das Kohlendioxid in einer nur geringen Konzentration von etwa 0,03 Prozent, 0,3 Promille oder 300 ppm (parts per million). Heute ist dieser Betrag auf etwas über 400 ppm angestiegen. Während der letzten Eiszeit soll er nur 180 ppm betragen haben.

Die Dynamik des Kohlendioxid-Kreislaufs

Woher kommt all das Kohlendioxyd in unserer Atmosphäre und wer ist in welchem Umfang daran beteiligt?

Die Entstehung des CO_2 aus Atmung, Verrottung, Verwesung und Verbrennungsprozessen fossiler und nicht- fossiler Kohlenwasserstoffverbindungen erwähnten wir bereits. Dies sind in ihrer Gesamtheit chemische Reaktionen. Auch die Fotosynthese ist ein chemischer Vorgang. Doch es gibt weitaus gewaltigere Akteure, die auch auf physikalischem Wege bereits vorhandenes CO_2 bereitstellen bzw. austauschen. Die Wissenschaft spricht von CO_2-Quellen bzw. CO_2-Senken.

In der Atmosphäre befinden sich derzeit ca. 3000 **Gigatonnen** CO_2. Eine Gigatonne ist eine Milliarde (10^9) Tonnen. Das klingt ungeheuer viel, entspricht aber dennoch nur etwa 0,001 % der Menge an CO_2 im gesamten globalen System Erde mit ihrer Atmosphäre, Hydrosphäre, Biosphäre und Lithosphäre, wobei Atmosphäre und Biosphäre die kleinsten Kohlenstoffspeicher sind. Es gibt sogar noch eine fünfte Sphäre, die Pedosphäre. Es ist der Erdboden zu unseren Füßen, dort, wo alle vier Sphären einander begegnen. Im Erdboden befindet sich die Luft der Atmosphäre, das Wasser der Hydrosphäre, das Gestein und die Lagerstätten der Lithosphäre und das Leben der Biosphäre in Form von Wurzelwerk und Bodenbakterien und Pilzen.

Seit Beginn der Industrialisierung wurden durch Verbrennungsprozesse etwa 2300 Gigatonnen CO_2 in unsere Atmosphäre geblasen.

Zwischen den unterschiedlichen Sphären herrscht über die Atmosphäre und die Pedosphäre ein reger Kohlendioxidaustausch. Sphären, die CO_2 abgeben, betätigen sich unter veränderten Bedingungen, z.B. Erwärmung bzw. Abkühlung der Ozeane, auch als CO_2-Aufnehmer.

CO_2 – Quellen mit anteiligem Gasausstoß in Prozent:

55,6% aus Land und Vegetation,

38,0% aus dem Ozean,

4,4% Eintrag vom Menschen verursacht.

CO_2 – Senken mit anteiliger Gasrücknahme in Prozent:

60,0% Adsorption durch Land und Vegetation

38,8% Adsorption durch den Ozean,

0,0% Rücknahme durch den Menschen.

Sowohl Land und Vegetation als auch der Ozean nehmen mehr CO_2 auf, als dass sie abgeben. Vermutlich wird es abgelagert im Bau von Korallenriffen oder Schalentieren und an Land mineralisiert. Doch der Eintrag des vom Menschen erzeugten Kohlendioxids wird nicht vollständig kompensiert. Dieser nur scheinbare geringe Anteil von 4,4 % addiert sich über die Jahre, vergleichbar einem anwachsenden Kapital durch Zinserträge.

Zwischen den Kohlenstoff-Speichern erfolgt ein ständiger Austausch durch chemische, physikalische, geologische und biologische Prozesse.

Natürliche Kohlenstoff-Speicher

Wie bereits erwähnt, sind Biosphäre und Atmosphäre die geringsten Kohlenstoffspeicher. Die Ozeane und Seen als auch das Erdreich speichern enorme Mengen an Kohlenstoffverbindungen und legen regelrechte Deponien an. Je nach Temperatur lösen die Oberflächengewässer bis zu 300 Gigatonnen CO_2 und stellen es in Form von Kalk verschiedenen Meeresorganismen zur Verfügung wie Korallenriffe, Schalentiere aber auch im Chitinpanzer der Krustentiere. Gaseinschlüsse im Eis und Gashydrate in größeren Tiefen (500 bis 800 Meter) sind ebenfalls enorme Lagerstätten, die bei Erwärmung freigesetzt werden. In der Nordpolarregion wird das sogenannte „brennende Eis" von Einheimischen genutzt. Allerdings sind dies nicht Methanhydrate, sondern Gaseinschlüsse in Eisschollen zugefrorenen Oberflächengewässer. Methanhydrate sind sehr instabil, denn schwindet der hohe hydrostatische Druck auf dem Meeresboden, zersetzen sie sich zu Wasser und Methan. Einst haben Methanhydrate beim Transport von Sibiriern nach Westeuropa große Probleme bereitet. Der Förderdruck bei der großen sibirischen Kälte lies das Methanhydrat erstarren und verstopfte die Rohre. Das Gas muss zuvor getrocknet werden.

In der festen Erdkruste, der Lithosphäre, türmen sich Carbonat- oder Calcit-Mineralien zu mächtigen Gebirgen. Durch Erosion gelangen sie in Gewässer und können über CO_2-Eintrag gelöst werden (Kesselsteingleichgewicht). Ebenfalls von gewaltigem Ausmaß sind die Lagerstätten von Kohle, Rohöl und Erdgas. Sie scheinen nicht zu versiegen, so dass die Hypothese, sie seien nur aus Mikroorganismen entstanden, nicht mehr schlüssig erscheint. Es wird vermutet, dass Kohlenwasserstoffe unter bestimmten Bedingungen (sehr hoher Druck und sehr hohe Temperaturen) direkt aus mineralischem kohlenstoffhaltigem Gestein und Wasser entsteht. Immerhin wurde das in der sogenannten Fischer-Tropsch-Synthese in Deutschland währendes zweiten Weltkrieges realisiert. Auch Südafrika produzierte noch lange danach Kraftstoffe auf diese Weise. In den USA wird dieses Verfahren Clean Coal genannt.

Potentielle künstliche CO_2-Speicher.

Angesichts der soeben geschilderten Faktenlage zur natürlichen Einlagerung von Kohlenstoff in Deponien oder Reservoirs, liegt der Gedanke nahe, es der Natur gleich zu tun und entweder ihr überschüssiges Kohlendioxid zur Deponie anzubieten oder neuartige Konzepte zu verfolgen.

Die Zunahme an Kohlendioxid in unserer Atmosphäre und dem damit verbundenen Anstieg der Temperatur, die wiederum den Wasserkreislauf intensiviert, hat im Wesentlichen zwei Ursachen, zum einen die Emission von Treibhausgasen durch menschliche Aktivitäten wie Stahl- und Zementerzeugung, Verkehr und Bevölkerungswachstum und zum anderen die Zerstörung des pflanzlichen Lebensraums durch Rodung, übermäßiger Beweidung, Entwässerung und Erosion. Das Gleichgewicht zwischen Kohlendioxiderzeugern und Kohlendioxidkonsumenten ist gestört.

Der Gehalt an Kohlendioxid in unserer Atmosphäre beträgt derzeit etwa 400 ppm oder 0,4 ‰ oder 0,04%. Diese geringe Konzentration macht es schwer, dieses Gas anzureichern, um es einer eventuellen Weiterverwertung zuzuführen. Am Ort des Entstehens, beispielsweise im Gärungsgewerbe, dem Kalkbrennen und der Stahl- oder Zementerzeugung und anderen Aktivitäten sind die Konzentrationen deutlich höher und daher einfacher zu isolieren. Allerdings ist dieses Gas durch andere Gase verunreinigt. Ungelöst bleibt das Problem des Endlagers: wo soll man mit den Gigatonnen an CO_2 hin?

Der natürliche Bedarf dieses Gases durch die Welt der grünen Pflanzen wäre die eleganteste Lösung. Geben wir den Pflanzen ihren Lebensraum zurück, den wir ihnen für den Eigenbedarf einst entwendet haben: Rückbau des menschlichen

Siedlungsraums und rigorose Aufforstung! Füttern wir die neuen Pflanzen mit unserem Treibhausgas CO_2 und bedanken uns für den Sauerstoff, den sie uns liefern. Stören wir nicht länger dieses lebenswichtige Gleichgewicht! Die Natur will es so und sie wird ihren Willen durchsetzen! Todsicher! Doch bislang gelingt uns nicht einmal den Bestand an Pflanzen konsequent zu schützen. Früchte von Plantagen aus besonders CO_2-hungrigen Pflanzen könnten auch unsere Speisekarte bereichern. In vielen Ländern sind Kelp und Algen eine Delikatesse. Warum sollten nicht auch bei uns in riesigen Aquakulturen dieses Gemüse angebaut und mit reichlich CO_2 gefüttert werden.

Der hohe hydrostatische Druck in größeren Wassertiefen lädt geradezu dazu ein, genau in diesen Druckspeicher Kohlendioxid einzupumpen, denn bekanntlich löst sich ein Gas in Wasser umso besser, je höher der Druck ist. Es blieb natürlich nichts unversucht. Doch das Wasser übersäuerte, der pH-Wert sank, die Wasserstoffionenkonzentration stieg und irritierte biologische Prozesse bis zu deren Schädigung. Die vertikale Wasserzirkulation beförderte das CO_2 wieder an die Oberfläche, wodurch die Erderwärmung das CO_2 erneut freigesetzt wird. Die Löslichkeit von Gasen in Wasser nimmt mit steigender Temperatur ab. Es perlt geradezu aus dem Wasser. Champagner lässt grüßen!

Ein weiteres Verfahren bietet die Möglichkeit, Kohlendioxid direkt aus der Abluft von reichlich CO_2-liefernden Prozessen zu isolieren. Bekanntlich löst ein Liter Wasser etwa ein Liter Kohlendioxid; alkalisches Wasser mit hohem pH-Wert löst deutlich mehr unter Bildung von ionisierten Salzen. Ionenaustauscher holen Carbonate und Hydrogencarbonate aus der Lösung und ersetzen sie zum Beispiel durch Chloride. Abschließend reaktiviert man den Austauscher, indem man die Carbonat-Salze aus dem Ionenaustauscher ausschwemmt und wie in Salinen eintrocknet. Doch was soll man mit all den Tonnen an Kalksalzen?

Ein weiteres Konzept betrachtet das CO_2 aus einer anderen Perspektive und lehnt sich an die Vorgehensweise der Fotosynthese an. CO_2 entsteht in einer ganzen Reihe exergonischen, Energie abgebenden, chemischen Reaktionen als „ausgebranntes" Endprodukt. Es wäre in etwa vergleichbar einer entladenen Batterie, die sich wieder aufladen ließe. Allein die Reaktion von Kohlendioxid mit glühendem Kohlenstoff fördert die Bildung von CO (Kohlenmonoxid). Kohlenmonoxid war einst der Energieträger im Stadtgas. Ein „Aufladen" mit Wasserstoff würde noch energiereichere Kohlenwasserstoffe erzeugen. Bedenken wir, dass unsere Erde zwar ein abgeschlossenes System ist; Energie strahlt dennoch unablässig von der Sonne auf uns ein. Pflanzen nutzen sie. Geothermie ist ebenfalls in enormen Mengen vorhanden. Sie liegt uns zu Füßen. Es herrscht also kein Mangel an Energie, auch wenn uns die Medien etwas ganz Anderes weismachen wollen.

Alternative Energien.

Als erstaunlich empfand ich die Tatsache, dass fast jeder meint, über Energie reden zu können aber nicht weiß, was Energie ist. Energie ist die Fähigkeit eines Systems, Arbeit verrichten zu können. Als Beispiel: eine aufgeladene Batterie steckt voller Energie; aber erst, wenn man einen geeigneten Elektromotor zwischen die beiden Pole schaltet, fließt die Energie und verrichtet Arbeit. Zur Erinnerung, die Physik lehrt uns, dass wir Energie weder erzeugen noch verbrauchen können. Sie ist im Überfluss vorhanden. Was wir tatsächlich tun und was wir auch ehrlichkeitshalber sprachlich zum Ausdruck bringen sollten ist, dass wir sie verschwenden. In unseren Maschinen wandeln wir eine Energieform in eine andere um. Meist entsteht dabei Wärme, als kinetische Energie der schwingenden und sich rascher bewegenden Atome und Moleküle. Man bezeichnet diese Wärme als Abwärme und wir lassen sie entkommen.

Warum gelingt es uns nicht, die Folgen eines Klimawandels abzuwenden, obwohl wir schon seit vielen Jahrzehnten darüber diskutieren? Waren all die bislang ergriffenen Aktivitäten nur Scheinaktivitäten? Will man nicht hinsehen oder es nur nicht wahrhaben? Es gab einmal jemand, der nannte das eine unbequeme Wahrheit, Al Gore, einst Vizepräsident der Vereinigten Staaten unter Bill Clinton. Doch davon später.

Was bisher geschah: Es gab schon immer alternative, klimaneutrale Energien: Den Wind, der Windmühlen zu unterschiedlichen Zwecken drehte, Schiffe über Ozeane blies und Flugzeuge trug; das Wasser, das ebenfalls vielerlei Aufgaben verrichtete, Mühlräder und Turbinen drehte, Schiffe hob und senkte, Gesteinsblöcke aus dem Fels herausbrach oder Baumstämme zu fernen Baustellen und Werften trug. Und es gab auch schon immer die Energie von Mensch und Tier zu mehr oder weniger freiwilliger Arbeit. Tiere drehten unermüdlich Schöpfräder zur Felderbewässerung; Menschen und Tiere trugen und bewegten Lasten, treidelten Schiffe und befuhren die Meere mit der Kraft von Rudersklaven. War Mensch oder Tier nicht mehr leistungsfähig, stieß man sie weg oder tötete sie, um keine unnötigen Esser versorgen zu müssen. Wind und Wasser bezogen ihrerseits die Energie von der Sonne.

Was hinzu kam: Eine wahre Revolution entfesselte die Nutzung der Energie des erhitzten Wasserdampfes. Maschinen verrichteten Schwerstarbeit und ergänzten die Muskelkraft von Mensch und Tier. Ein neues Zeitalter brach an. Erhitzte Gase erweiterten die Möglichkeiten an Mobilität und Transporten. Fortbewegungsarten wurden real, die keiner einst für möglich hielt. Gewaltige Kolosse erheben sich elegant in die Lüfte und transportieren sicher Menschen und Güter in atemberaubender Geschwindigkeit. Mutige Pioniere verlassen unseren Heimatplaneten auf einem heißen Strahl expandierender Gase.

Zuckende Froschenkel setzten während eines Gewitters bei Herrn Galvani Gedanken in Gang, die das Tor zur Welt der Elektrizität aufstießen. Ähnlich erging es Otto Hahn, als er bemerkte, dass bei der Spaltung des Uranisotops Masse verschwunden war. Die Grundfesten der Physik drohten zu bersten. Winzige Mengen an geeigneter Materie zerstrahlten zu gewaltiger Energie.

Was erhalten blieb: Heißer Dampf und heiße Gase leisten noch immer weltweit Schwerstarbeit. Erdwärme, fossile und nicht-fossile Brennstoffe, Wasserstoff aber auch Kernenergie lieferten die Primärenergie.

Eine gewisse Sonderstellung nimmt das Methan CH_4 ein. Obwohl ein Kohlenwasserstoff, sogar der einfachste, ist er nur zum Teil ein fossiler Energieträger, wenn auch hier die Medien etwas Falsches behaupten. Das Gas entsteht in Wiederkäuermägen, beim Reisanbau, in Faultürmen, als Sumpfgas, beim Verrotten von Agrarabfällen (Biogas), in den Mündungsgebieten großer Flüsse, die dem Meer riesige Mengen an biologischer Last zuführen und in größeren Tiefen Methanhydrate bilden. Man kann es durchaus einen regenerativen Rohstoff nennen. Allerdings ist Methan etwa achtzehnmal mehr klimaschädigend als das Kohlendioxid. Es ist daher ratsam, es zu CO_2 und Wasser zu verbrennen. Methan ist sehr energiereich, energiereicher als Propan:

$$CH_4 + 2\,O_2 \rightarrow CO_2 + 2\,H_2O - 210,8\,kcal/mol$$

Bei der Verbrennung entsteht nur ein Mol CO_2! Bei langkettigen Kohlenwasserstoffen dagegen ein Vielfaches; Methan ist ein Brückenschlag zur reinen Wasserstofftechnologie.

Ethanol wird Kraftstoffen beigemischt, um die CO_2-Bilanz vordergründig zu schönen. Man ignoriert, dass bei der Vergärung von Kohlehydraten zu Ethanol ebenfalls CO_2 entsteht, ganz zu schweigen vom ungenutzten restlichen Pflanzenkörper. Auch Pflanzenöle eignen sich als Treibstoffzusatz. Diese Nutzung treibe die Preise für Pflanzenöl als Nahrungsmittel in die Höhe, heißt es. Doch schon immer baute man Futter ausschließlich für die Ernährung der einstigen Transportleistungen durch Pferde und anderen Lasttieren an. Mit ausgedientem Frittenöl fuhr einmal ein Diesel-PKW entlang der Traumstraße im Westen des amerikanischen Kontinents von Alaska bis Panama. Er wurde an Fastfood-Restaurants aufgetankt.

Die renommierte Zeitschrift GEO sieht die derzeit so sehr bejubelte modernen Windkraftanlagen sehr viel kritischer und realistischer als uns Politiker und Medien weismachen wollen und titelt: *Nicht alles, was fürs Klima gut ist, ist auch gut für die Natur.* Ganz abgesehen von der überaus hässlichen Verspargelung der Natur, selbst in Naturschutzgebieten, töten die mächtigen Rotoren der Windanlagen und deren Wirbel Abertausende von See- und Zugvögel, Fledermäuse und Mäusebussarde. In Deutschland stehen über dreißigtausend Große Windkraftanlagen (GroWiane), on- und offshore. Man erwägt, diese Zahl zu verdoppeln!

Erst seit jüngster Zeit wird ein weiterer Verdacht gegen den Ausbau der Windkraft geäußert, der aber noch nicht vollständig erhärtet ist. Vom Standpunkt der Physik scheint er jedoch nachvollziehbar. Nach dem Fundamentalsatz zur Erhaltung der Energie entnehmen die Rotorblätter dem Wind einen Teil seiner kinetischen Energie, treiben die Turbinen und erzeugt auf diese Weise Elektrizität. Der Wind wird dabei schwächer; er wird verwirbelt und wird Wetterereignisse langsamer transportieren. Wetterfronten verharren länger an Ort und Stelle. Ein Unwetter hat möglicherweise ein höheres Zerstörungspotential. Wind kühlt einen dunklen Erdboden bei einer hohen Bodentemperatur. Bei schwachem Wind erwärmt sich der Boden stärker; heiße Luft steigt auf. Doch wie stark diese Effekte tatsächlich sind, ist experimentell noch nicht gesichert. Windkraft sei sakrosankt! Jemand errechnete die gesamte Rotorfläche aller deutscher Windkrafträder, die sich senkrecht dem Wind entgegenstellen. Er kam auf einen erstaunlichen Wert von etwa 800 km Länge.

Die Energieentnahme aus Wasserkraft scheint, ohne Risiko zu gelingen. In Nordeuropa (Schottland, Niederlande) nutzt man den extrem hohen Tidenhub, um Turbinen zu treiben. Selbst eine Mehrfachnutzung ist vorstellbar. Unter besonderen geographischen Voraussetzungen ließe sich Wasser in einem Speichersee aufstauen, das bei seinem Fall zu Tal Turbinen treibt, danach erneut in Rohren zu einem stillgelegten

Untertagebergwerk leitet. In Tiefen von 1000-2000 Metern herrschen durch die Erdwärme Temperaturen von bis zu 80°C. In einem System von Wärmetauschern erhitzt sich das Wasser und steigt an anderer Stelle zur weiteren Verwendung wieder an die Oberfläche. Pumpen sind nicht notwendig, denn gemäß dem Gesetz kommunizierender Röhren nimmt das Wasser das gleiche Niveau in allen Bereichen des Systems an. Zudem ist erwärmtes Wasser leichter als kaltes.

Doch auch ohne menschliches Zutun schenkt uns das Erdinnere heißes Wasser. Der Mayantuyacu-Fluss in Peru wird als „kochender Fluss" bezeichnet, weil seine durchschnittliche Temperatur ca. 86°C beträgt. Auch in Südwest-Deutschland und in der Eifel fließt seit Jahrtausenden heißes Wasser aus der Erde und begeisterte schon die alten Römer. Auch ein Teil der Toskana nutzt die Hydrothermie der Erde. Island produziert einen Überschuss an hydrothermaler Energie, sodass es sich lohnt von Australien Bauxit und Kryolith per Schiff nach Island zu transportieren, um dort Aluminium über die Schmelzelektrolyse herzustellen. Dieser Prozess benötigt sehr viel elektrische Energie. In relativ geringer Tiefe steht bei Island Wasser und Dampf von bis zu 200°C zur Verfügung.

Den Rekord bei der Tiefenbohrung hält die Sowjetunion und liegt bei etwas über zwölf Kilometer! Nach Erdöl bohrt man bis in 10 000 Meter Tiefe. Dort ist es 180° warm!

Geothermie und Kernenergie sind Energieformen, die letztendlich nicht von der Sonne abhängen und somit ständig verfügbar sind. Die Geothermie im Innern unseres Planeten wird zum größten Teil durch nukleare Prozesse von Radioisotopen aufrechterhalten. Im Erdinnern ist es etwa genauso heiß wie auf der Sonnenoberfläche.

Die meisten werden erstaunt sein: auch Wasser, genauer das in unserer Atmosphäre gelöste Wasser, ist in hohem Maße klimarelevant. Es übertrifft sogar das Kohlendioxid um das Doppelte bis Dreifache! Auch Wasser absorbiert die Wärmestrahlung der Sonne und setzt sie in Bewegungsenergie und damit in Wärme um. Doch worin besteht der fundamentale Unterschied? Er wird uns deutlich sichtbar und fühlbar jeden Tag vor Augen geführt. Im Temperaturbereich unserer Erde durchläuft Wasser zwei Phasenübergänge, den Übergang von Eis zu Wasser und von Wasser zu Wasserdampf. Wasserdampf ist nicht ganz korrekt; Dampf ist ein Aerosol. Korrekt müsste es heißen: Wassergas, das sich in unseren atmosphärischen Gasen löst – letztendlich die Luftfeuchtigkeit. Wasser verfügt über eine ganze Reihe von Besonderheiten im Vergleich zur übrigen Materie, sodass ihm der Begriff der Anomalie zugewiesen wurde.

Kohlendioxid vollzieht innerhalb des irdischen Temperaturbereichs keine Phasenübergänge. Wir nehmen CO_2 auch physisch nicht wahr. Die Luftfeuchtigkeit spüren wir dagegen sehr wohl. Wolken, also Wasserdampf, kühlen im Sommer, weil sie verhindern, dass Sonnenstrahlen bis zur Erdoberfläche durchdringen. Wolken im Winter wärmen, weil sie die Wärme der Erde daran hindern, ins Weltall abzustrahlen. Wasser wirkt klimaregulierend. Selbst unser Körper verdunstet Wasser, um unsere Körpertemperatur stabil zu halten. Je wärmer die Lufthülle unseres Planeten ist, umso mehr Wasser ist sie bereit aufzunehmen. Als Faustregel gilt, ein Grad Celsius wärmer erhöht die Luftfeuchtigkeit um etwa 5 – 7%. Je höher die Luftfeuchtigkeit ist, umso unangenehmer empfinden wir diese Schwüle. Es gelingt uns nicht, unseren Körper durch Schwitzen zu kühlen.

Das gelöste Wasser in der Luft reguliert in hohem Maße das Klima. Besonders deutlich wird das am Phasenübergang Eis-Wasser erkennbar. Während der Bedarf an Energie beim Erwärmen von einem Liter Wasser um 1°C eine Kilokalorie beträgt, sind beim Schmelzen von einem Kilogramm Eis von 0°C zu einem Liter Wasser von 0 °C rund 80 Kilokalorien erforderlich. Wenn die gleiche Menge Wasser zu Eis gefriert, wird exakt diese Energiemenge wieder frei. Die Temperaturänderung und die damit verbundenen Konsequenzen für die Pflanzen werden abgemildert.

Die Verdampfungsenergie ist noch höher; sie beträgt sogar 539 kcal pro Liter Wasser. Dieser Energiebetrag ist im Dampf gespeichert und wird beim Kondensieren wieder freigesetzt. Enthält das Wasser gelöste Substanzen, erhöht sich der Siedepunkt und sinkt der Schmelzpunkt. Kohlendioxid verdampft oder gefriert unter irdischen Bedingungen niemals. Daher speichert es auch keine solch großen Energiemengen wie das Wasser.

In nasser Kleidung frieren wir selbst im warmen Sommer. Die Verdunstungskälte entzieht uns unsere Körperwärme. Wenn ein kräftiger Regenschauer auf die erhitzte, versiegelte Oberfläche einer Stadt niedergeht, verschwindet der Regen alsbald in der Kanalisation, ohne Abkühlung zu bringen. Die gleiche Regenmenge, niedergegangen über einer naturbelassenen Fläche, wird von den Pflanzen aufgenommen und gespeichert. Sobald die Sonne wieder scheint und die Temperatur steigt, verdunstet das Wasser allmählich und verwendet dabei Wärmeenergie. Pflanzen verdunsten deutlich mehr Wasser als sie selbst brauchen. Ihr Verdunstungsvermögen gleicht dem der Ozeane, deren Wassertemperatur kaum die 30 °C - Marke übersteigt. Wälder bleiben auch im Hochsommer angenehm kühl. Auch wir halten unsere Körpertemperatur im Sommer stabil, indem wir Wasser verdunsten. Es scheint die Wasserkühlung zu sein, die unseren Lebensraum klimatisiert und dafür sorgt, dass wir nicht global überhitzen.

Muss Kühlwasser nachgefüllt werden? Wir sollten unserer Atmosphäre mehr verdunstungsbereite, feuchte und naturbelassene Landschaftsflächen anbieten. Der Verdunstungsvorgang des Wassers aus Boden und Pflanzen adsorbiert reichlich Energie, zu der Kohlendioxid nicht fähig ist. Die betonversiegelten Megacities mit bis zu 38 Millionen Einwohner (Tokyo) erweisen sich als mächtige Heizplatten und die Zahl ihrer Bewohner nimmt ständig zu. Selbst bei Nacht heizen sie unseren Planeten auf. Die Landnahme und das Vordringen in den Lebensraum unserer Mitgeschöpfe, scheint niemand aufhalten zu wollen. Die Ausdehnung von Wüstenlandschaften muss unverzüglich gestoppt und in Grünfläche umgewandelt werden. Eine menschliche Monokultur mit allen Konsequenzen ist im Begriff zu entstehen. Monokulturen ziehen Schädlinge an.

Obwohl der Wasserdampf, genauer die in der Luft gelöste Luftfeuchtigkeit, für das Klima von enormer Bedeutung ist, so wird die relative Luftfeuchtigkeit dennoch über die Temperatur der Luft gesteuert. Angesichts der riesigen Verdunstungsflächen der Ozeane ist der Eintrag durch menschliche Aktivitäten, wie landwirtschaftliche Nutzung, gering. Bisher vergrößerten wir aber die Verödung und die Ausbreitung von Wüsten und Karstlandschaf. Gewiss hätte eine Begrünung von der Dimension einer Wüste wie die Sahara einen Einfluss auf das Klimageschehen. Doch dazu wären eine gesicherte Wasserversorgung und der Einsatz von einer gewaltigen Menge an Dünger notwendig. Tropische Regionen enthalten deutlich mehr Wasser als die Polarregionen. Fast tägliche kräftige Regenschauer halten das Wasser an Ort und Stelle. Eine hohe relative Luftfeuchtigkeit intensiviert den Treibhauseffekt. Dieser Vorgang wird als Rückkopplung durch die Wasserdampfmenge bezeichnet.

So übernimmt der Wasserdampf zwar den größten Anteil am Treibhauseffekt, das CO_2 trägt aber dazu bei, die Anwesenheit von Wasserdampf bereitzustellen. Im Umkehrschluss, ohne die Treibhausgase würde unsere Erde bis zur Unbewohnbarkeit herunterkühlen, sogar vereisen. Ein eindrucksvolles Beispiel für ein fein aufeinander abgestimmtes Gleichgewicht, dass wir empfindlich stören.

Wasser- und Windenergie sind sogenannte Sekundärenergien. Sie entstehen letztendlich aus der Sonnenstrahlung. Sonnenstrahlung hat etwas Faszinierendes. Sie bewegt die Winde, lässt das Wasser über den Bergen abregnen und sie bewegt die Ozeane. Sie muss nicht beschafft, transportiert oder aufbereitet werden. Sie kostet zunächst nichts. Während die grünen Pflanzen ihre Strahlung direkt für die Fotosynthese und Stoffwechsel nutzen, müssen wir sie für unsere Bedürfnisse aufbereiten. Dazu stehen uns zwei Wege zur Verfügung: die Photovoltaik und Solarthermie.

Photovoltaik:

Hierbei wird in einem Solarmodul die Sonnenstrahlung bzw. Teile davon eingefangen. Das Modul besteht aus einem Halbleiter, dessen Elektronen durch die Energie der Sonnenstrahlen bewegt werden und in elektrischen Gleichstrom umwandeln. Der Halbleiter ist ein hoch gereinigtes Silizium, dessen Herstellung recht aufwendig und damit kostenintensiv ist. Neuerdings werden alternative Halbleiter-Mineralien erprobt. Besonders ein Vertreter der sogenannten Perowskite, bestehend aus Blei und Methylammonium-Halogenid, wird favorisiert. Der Wirkungsgrad ist etwas geringer als der der Siliziumzellen. Die Herstellung solcher Module ist aber deutlich kostengünstiger (Max-Planck-Forschung, 2, 2021). Zudem ist der Wellenlänge-Bereich im Vergleich zur Siliziumzelle auf 300-400 Nanometer (grün und blau) erweitert.

Wenig beachtet wurde der Flug des Schweizers Bertrand Piccard im Jahr 2016 um die Welt mit einem Solarflugzeug. Solarzellen trieben vier elektrische Propellermotoren und luden während des Fluges bei Tageslicht Batterien auf, die das Flugzeug auch bei Nacht fliegen ließen. Kein Tropfen Sprit war notwendig.

Solarelektrische Fähren kreuzen in Norwegens Fjorden.

Solarthermie:

In diesen Solaranlagen wird mit Hilfe des Sonnenlichts Wasser erwärmt. Wie effizient das sein kann, wird jeder erfahren, wenn er versucht, sich mit Wasser aus einem in der Sonne liegenden Wasserschlauch abzuspritzen. Vorsicht! Besonders in südlichen Ländern mit reichlich Sonnenschein ist diese Variante sehr beliebt. Dunkle Absorbermaterialien (Flachbett-Kollektoren) werden optimal zum Sonnenlicht ausgerichtet und mit Wasser gekühlt. Über einen Wärmetauscher gibt dieses erhitzte Wasser seine Energie an das Brauch- bzw. Trinkwasser ab, das nun seinerseits direkt verwendet werden kann oder die Bereitung von Heizwasser in einer zentralen Ölheizung unterstützt. Diese Kollektormaterialien wurden ständig verbessert, sodass diese Variante selbst bei kühler Witterung effizient arbeitet.

Statt schwarze Kollektormetalle lassen sich auch Röhrenkollektoren verwenden, die wie Leuchtstoffröhren hintereinandergeschaltet werden, sodass das Heizmedium hindurchmäandern kann. Die Röhren sind doppelt ummantelt, um Wärmeverluste zu minimieren, ähnlich wie eine Doppelverglasung bei Thermopenfenster. Die Glasröhren sind zudem rückseitig verspiegelt, damit das reflektierte Sonnenlicht ins Innere der Röhre fokussiert wird.

Sowohl die Photovoltaik als auch die Solarthermie lassen sich zu kommunalen Großanlagen ausweiten. So soll eine Photovoltaikanlage von 200 – 300 km Kantenlänge, errichtet in der Sahara, in der Lage sein, unseren gesamten Planeten mit Elektrizität zu versorgen. Solarparks finden sich überall, um die Stromversorgung beispielsweise in Wasserwerken oder Behörden zumindest teilweise zu übernehmen. Überkapazitäten werden ins Stromnetz eingespeist.

Parabolrinnenkraftwerke wurden in den USA, Süd-Europa und Nordafrika errichtet. Diese Kraftwerke haben einen enormen Platzbedarf. Im Brennpunkt (korrekter wäre hier die Bezeichnung: in der Brennlinie) von Parbolrinnen werden kilometerlange Rohre geführt, die die Strahlung der Sonne fokussieren. Die Rinnen werden dem jeweiligen Sonnenstand angepasst, um stets eine optimale Sonnenstrahlung einzufangen. Eine hoch siedende Flüssigkeit transportiert die Wärme in einen Wärmetauscher, wo Wasser verdampft wird, um Turbinen anzutreiben. Die Stadt Sacramento soll damit vollständig mit Elektrizität versorgt werden. In Andalusien versorgt *Andasol* Teile Spaniens mit Strom. Ähnliche Projekte sind in Nordafrika (*AfroSol*) geplant.

Ein einfacher Parabolspiegel aus reflektionsfähigen Segmenten erzeugt in Odeillo, einem kleinen Ort in den französischen Pyrenäen, in seinem Brennpunkt eine Temperatur von mehreren tausend Grad Celsius. Selbst Metalle, Holz und Keramik verdampfen. Um die Temperatur zu beherrschen, lassen sich Segmente des Spiegels aus- und einklappen. Über thermische Energiespeicher lassen sich auch an trüben Tagen und des Nachts Turbinen betreiben. Als Speichermedium empfiehlt sich Gallium, das bereits bei 28° C schmilzt aber erst bei über 2000° C siedet!

Das weltgrößte Solarkraftwerk Ivanpah steht in der Mojave-Wüste in der Nähe von Las Vegas. Über 300.000 Spiegel fokussieren das Sonnenlicht auf drei Türme. Der erzeugte Strom versorgt 140 000 Haushalte. Seine Nennleistung: 392 Megawatt.

Ist Wasserstoff wirklich der Königsweg?

Während ich diesen Beitrag schreibe, wird überall die Wasserstofftechnologie als Königsweg und Schlüsseltechnologie diskutiert und herbei gejubelt. Leider werden die Nachteile und Probleme dieser Variante übersehen. Meist sind es, wie gewohnt, geschwätzige und nur schlicht ausgebildete Politiker oder Medienvertreter, die blanken, unausgegorenen Blödsinn erzählen. Noch vor wenigen Jahren wurde der Wasserstoff wegen seiner angeblichen Gefährlichkeit und schwierigen Handhabbarkeit in Bausch und Bogen abgelehnt. Ignorante Wissenschaftsredaktionen von Schrift, Bild und Ton assoziierten mit Wasserstoff die Wasserstoffbombe und die Katastrophe des Luftschiffs *Hindenburg* bei New York. Fakt ist, dass die BAM (Bundesanstalt für Materialprüfung) schon in den 70iger Jahren des vergangenen Jahrhunderts unter realistischen Bedingungen die Gefahr bei Unfällen mit wasserstoffbetriebenen Fahrzeugen ausgiebig testete. Diese Unfälle wurden aus jeder nur denkbaren Position in Zeitlupe dokumentiert. Wasserstoff erwies sich als ungefährlicher als traditionelle Kraftstoffe. Die Selbstzündung von Wasserstoff erfolgt erst bei 600°C. Leckgeschlagene Tanks und berstende Leitungen entließen Wasserstoffgas, das wegen seiner geringen Dichte sofort nach oben entwich. Er verschmutzte weder das Erdreich, noch entzündete er sich, wie es auslaufendes Benzin getan hätte. Wasserstoff macht sich nach oben schleunigst aus dem Staube. BMW baute Verbrennungsmotoren für Busse und PKWs, die mit Wasserstoff betrieben wurden. Die Umbauten waren nur minimal. Natürlich musste Wasserstoff in dickwandigen und damit schweren Druckbehältern mitgeführt werden. Es wurde behauptet, bei der Explosion dieses

Treibstoffs in den Zylindern würde ausschließlich Wasserdampf den Auspuff verlassen. Das stimmt nicht! Denn dann hätte man auch reinen Sauerstoff mitführen müssen. Der Wasserstoff verbrannte aber mit dem Gasgemisch aus unserer Atmosphäre, die zu etwa 78 % Stickstoff enthält. Bei der hohen Temperatur von ca. 2000°C verbrennt Wasserstoff mit Sauerstoff zu Wasser. Dabei entstehen in einer Parallelreaktion auch Stickoxide. Das Projekt wurde insgeheim und geräuschlos eingestellt. Eine Renaissance steht uns bevor.

Es gibt eine Alternative: die Brennstoffzelle! An einer Katalysatoroberfläche findet eine sogenannte kalte Verbrennung von Wasserstoff und Luft zu Wasser statt. Dabei werden Elektronen transportiert, die Strom zum Aufladen einer Batterie oder direkt einen Elektromotor antreiben. Auch hier muss Wasserstoff in dickwandigen und damit schweren Druckbehältern mitgeführt werden. Die Speicherkapazität ist gering, lässt sich aber durch die Verwendung von Nano-Carbofasern deutlich steigern, sodass Reichweiten von mehreren tausend Kilometer realistisch sind. Allerdings sind die Nanofasern sehr teuer und schaden ähnlich wie Asbest der Gesundheit. Ob die Behauptung, dass pyrolytisch behandelte Hühnerfedern die gleichen Eigenschaften besitzen, den Wasserstoff nahezu drucklos zu speichern, kann ich nicht beurteilen. Sogenanntes *Raney-Nickel* adsorbiert auch nahezu drucklos große Mengen Wasserstoff, ist aber wegen dessen Brandgefahr für Laien sehr schwierig zu handhaben.

Dennoch, die Brennstoffzelle bietet eine ganze Reihe von bestechenden Vorteilen. Sie sollte allerdings nur in stationären Systemen zur Stromerzeugung eingesetzt werden. Wasserstoff könnte in großen Druckbehältern außerhalb von Gebäuden sicher gespeichert und vorgehalten werden. Diese sogenannte *kalte Verbrennung* des Wasserstoffs findet dennoch bei etwa 60°C statt. Die Abwärme eignet sich zum Heizen, wobei tatsächlich flüssiges Wasser und nicht Wasserdampf entsteht.

Als mobile Energieträger in Fahrzeugen ist die Brennstoffzelle ungeeignet. Ein LKW würde dampfen wie eine Dampflock. Der derzeit dichte PKW-Verkehr würde in Großstädten eine unerträgliche Schwüle erzeugen, da der warme Wasserdampf aus den Millionen von PKW der meteorologischen Luftfeuchtigkeit beigemischt wird. Der erhöhte Partialdruck steigt bis zur Sättigung. Wasserdampf als Treibhausgas wird merkwürdigerweise ignoriert, zumindest unterschätzt, als scheint es ihn nicht zu geben. Man erinnere sich an die Aufgüsse nach einer trockenen Saunahitze!

Eine persönliche Erfahrung: Als Kind wuchs ich während der frühen Nachkriegszeit in einer Kleinstadt in Südwestdeutschland auf. Diese Kleinstadt lag am Ende eines kleinen Tals im Schwarzwald und öffnete sich zur Rheinebene. Eben durch dieses schmale Tal und mitten durch unsere Kleinstadt fuhr eine Schmalspurbahn, bespannt mit einer Dampflock. Sie hinterließ nicht nur einen ziemlichen Gestank von verbrannter Kohle, Öl und Staub, sondern auch eine Wolke Wasserdampf, der sich bei windarmer Witterung stundenlang in den engen Gassen hielt. Nun, die Älteren waren einiges gewöhnt von den heillosen Gerüchen des Krieges; ich war fasziniert von der kleinen, kräftigen Maschine. Gesundheitliche Bedenken schienen nicht zu existieren, denn Rauchen war zu jener Zeit auch noch kein Gesundheitsrisiko und die schwelenden Herbstfeuer von landwirtschaftlichen Abfällen waren die Vorboten des nahen Winters mit reichlich Schnee und qualmenden Schornsteinen und drinnen alles so gemütlich warm.

Gewiss, Wasserstoff lässt sich auf vielerlei Weise erzeugen, nicht nur elektrolytisch. Dehydrierendes Cracken ist ein gängiges Verfahren in der Petrochemie und liefert reichlich Wasserstoff. Jeder Grashalm erzeugt mit Hilfe des Sonnenlichts im ersten Schritt der Fotosynthese Wasserstoff.

Der Umgang mit Wasserstoff ist relativ unproblematisch und lässt sich leicht erlernen. Der spezifische Energieinhalt ist enorm. Wir werden sehen, ob er uns tatsächlich durch politische Fehlentscheidungen in eine Sackgasse führt.

Bei meinen bisherigen Ausführungen sind überkritische Zustände noch nicht einmal berücksichtigt. Überkritische Zustände über- bzw. unterschreiten die Fixdaten: Wasser erhitzt über 100°C, ohne zu sieden (Siedeverzug), oder Wasser gefriert unter 0°C, ohne zu erstarren. Man denke an die Nebelkammern in Naturkundemuseen; sie machen sogar den Einschlag subatomarer Teilchen sichtbar. Sie wirken als Kondensationskeime. Sie verursachen die Wolkenbildung in den oberen Schichten unserer Atmosphäre bei erhöhter Sonnenaktivität.

Als mobiler Energieträger eignet sich meiner Meinung nach viel eher eine effizientere Solartechnik in Verbindung mit verbesserten Speicher- bzw. Puffersystemen. In der großen Zahl an Redoxsystemen schlummert gewiss noch ein riesiges Potential für Batterien in mobilen Energiekonsumenten.

Damit denke ich, zum gegenwärtigen Zeitpunkt genug Information über die Chance unseres Überlebens auf unserem Heimatplaneten geliefert zu haben. Eine noch höhere CO_2-Bepreisung wird mit Sicherheit nicht ausreichen, um die Symptome zu lindern. Es ist, als würde man einem Ertrinkenden eine Schlinge um den Hals legen und zuziehen, damit er kein Wasser schluckt.

Auch die Forderungen der Jugendbewegung *Friday for Future* ist wegen deren Substanzlosigkeit und dem Kontrast des realen Gebarens der Klimaaktivisten eine Sackgasse, denn geschwätzt wird bereits überall genug. Die Ermutigung dieser Bewegung durch Politiker dient nur einem Zweck, mit einem Schlag eine größere Herde an Wählern zu akquirieren. Dabei kommt's auf eine mehr oder weniger geschickt formulierte Heuchelei auch nicht mehr an. Brauchbare Impulse oder gar Aktivitäten sind nicht zu erwarten. Es sei denn, man deutet Streik und Anspruchshaltung als Aktivitäten. Hingegen ihr überzogenes fremdbestimmtes Konsumverhalten ist unübersehbar. Appelle an andere schützen vor eigener Initiative. Mama und Papa sollen tolle Reisen organisieren und das aktuelle Handy und natürlich schickste Klamotten finanzieren und die täglichen Burger oder Döner liefern. Wo wird die Substanz dieser Bewegung durch vorbildhaftes Verhalten sichtbar? Selbst ein öffentliches Verkehrsmittel oder eine Schultoilette sauber zu hinterlassen, ist bereits zu viel verlangt! Warum nennt sich diese Bewegung nicht programmatisch *Fridays for Sience*? Warum den Freitag nicht zum intensiven Studium der Naturwissenschaften nutzen? Wozu Engagement oder gar Beitrag, wenn man auch durch Leistungsverweigerung Aufmerksamkeit erlangt? Doch warum schenken wir denen, die nach der Zitze schreien so viel Beachtung, während wir den Mitsuchenden, den Mitarbeiter, den Co-Traveller übersehen?

Wir könnten ja Vorbild sein, anstatt uns mit Selbstvorwürfen zu quälen. Die Masche mit den Schuldgefühlen hatten wir ja selbst durchgezogen, als wir unseren Eltern vorwarfen, seinerzeit nicht konsequent Widerstand gegen den wuchernden Nationalsozialismus geleistet zu haben, oder an unserem Versagen Schuld zu sein. Das Generationenknäuel scheint unauflösbar! Dabei liegt der Lösungsweg doch auf dem Tisch, einfach, wenn auch zugegebenermaßen schwer vermittelbar. Die Medien verweigern die Mitarbeit. Die Politik ist der Wirtschaft verpflichtet. Die manipulativen Medien dienen der Politik, damit diese ihre Machtinteressen durchsetzen, anstatt der Demokratie eine deutliche Stimme zu verleihen. Denn der Schuldige ist bereits gefunden: Das Klima spielt verrückt, nicht wir und schon gar nicht die junge Generation. Wir kennen die Lösung, sie ist uns nur nicht bewusst; denn dann würden wir auch entsprechend handeln – und es kostet keinen Cent, nur etwas Organisationstalent.

Dazu ein kleines Beispiel, damit es leichter fällt, meiner Argumentation zu folgen. Wir alle wissen, unser Planet Erde ist ein winziger Himmelskörper, winziger als ein winziges Sandkorn im Weltenraum, der weitere Winzlinge wie wir in unvorstellbarer Menge enthält. Die Zahl dieser Winzlinge übersteigt sogar die Menge an Sandkörner auf unserer Erde. All das wissen wir! Was wir nicht wissen ist, ob sich darunter ein weiteres Sandkorn befindet, das eine ähnliche Lebensform beherbergt wie unsere Erde. Fakt ist derzeit, wir sind die einzigen menschlichen Lebewesen in der unvorstellbar gewaltigsten nur denkbaren Leere. Mutterseelenallein! Unsere einsamste Einsamkeit ängstigt uns bei unseren täglichen Verrichtungen nicht. Doch was mich noch mehr verwundert ist, dass diese unendliche Einsamkeit uns nicht zu größtmöglicher Solidarität erzogen hat. Stattdessen meucheln wir uns bis zum Genozid und sind in der Lage, das gesamte menschliche Leben auf diesem Planeten mit Stumpf und Stiel auszurotten. Wir wissen von unserer Lage, aber sie ist uns nicht bewusst; denn, wäre sie es, wir würden solidarischer, gar liebevoller mit einander umgehen. Wir würden unser Leben und unseren Lebensraum als größte Kostbarkeit begreifen und schützen. Kann mir einer das erklären? Wohl kaum! Ich wollte nur deutlich machen, dass Wissen noch lange nicht Weisheit und schon gar nicht Bewusstsein bedeutet.

Wir kennen die Naturgesetze und wissen in den meisten Fällen, was sie bedeuten. Sie gelten für alle. Es genügt, sich ihre Konsequenzen bewusst zu machen. Daher werden wir nun in kleinen Schritten voranschreiten und einfache Fragen beantworten.

Was brauchen wir Menschen, um unser Dasein zu sichern und zu gestalten?

Wir brauchen Nahrung, Wasser, Kleidung, Brennstoff (Heizung und Kochen), Unterkunft, Atemluft, Lebensraum. Die Anbaufläche für unsere Nahrung entnehmen wir der Natur und gestalten sie für unsere Zwecke um. Natürlich brauchen wir Bewässerung und für satte Erträge reichlich Dünger und gegen Unkraut und Schädlinge Herbizide und Pestizide. Die Anbauflächen werden immer ausgedehnter. Wir brauchen Anbauflächen für Futter für unsere Nutztiere, die wir auf engstem Raum in grausamer, nicht artgerechter Weise für unsere Ernährung halten. In Iowa sind die Kartoffelfelder bis zu 200 Meilen lang. Monokulturen fördern die explosionsartige Vermehrung von Schädlingen. Die Vielfalt zieht sich zurück. Wer in diese Einfalt nicht hineinpasst, wandert ab oder geht zugrunde. All diese Maßnahmen und Aktivitäten dienen einzig und allein dem übergeordneten Zweck, uns ein sicheres, angenehmes und sorgenfreies Leben im Überfluss zu führen. Alle anderen Lebensformen werden zurückgedrängt, sie haben für unsere Ansprüche zu weichen. Seit Jahrzehnten setzt ein Artensterben ein; Unikate des Lebens sterben ein für allemal aus. Bereits 1995 berichtete der *Spiegel* in dem Artikel *Bulldozer im Paradies*, wie der US-Pharmariese Merck, den seit vielen Jahrzehnten naturgeschützten Dschungel von Costa Rica systematisch durchsuchen lässt, um letzte biologische Informationen (Erbsubstanz) der vor dem Aussterben bedrohten Arten zu sammeln. Diese Nukleinsäuremoleküle könnten Baupläne für potentiell hochwirksame Pharmasubstanzen enthalten; der Dschungel als Weltapotheke.

Was geschieht mit all den Gaben, nach dem wir sie dem Planeten entnommen haben?

Die Nahrung erhält uns, sichert unsere Existenz, unser Überleben, während es unseren Stoffwechsel durchläuft. Wir verdauen die Nahrung und geben Unverdautes zurück. Außer Trinkwasser, verwenden wir Wasser zur Reinigung, zum Vergnügen beim Baden, zur Bewässerung unseres Pflanzenanbaus, zur Tränke unserer Nutztiere und zu industriellen Zwecken. Stark verschmutzt, nicht selten giftig, zumindest kontaminiert geben wir es der Natur zurück. Der natürliche Regenerierungsprozess, die Selbstreinigung des Wassers, ist empfindlich gestört. Wir empfinden Wasser nicht als Kostbarkeit! Von den riesigen Wasservorräten ist weniger als ein Promille als Trinkwasser oder für uns und die Landwirtschaft nutzbar. Selbst diese Menge schrumpft immer weiter zusammen. Obwohl nach den Gesetzen der Physik die Menge Wasser auf der Erde konstant bleiben wird, sind massive Probleme bei der Wasserversorgung aufgetreten. Nicht mehr nur in den traditionellen Trocken- und Wüstengebieten herrscht Wassermangel. Brauchbares, gutes Trinkwasser wird auch in den gemäßigten Klimazonen knapp. Der Wasserbedarf steigt, die Wüstenregionen wie die Sahelzone breiten sich aus. Die Menge an verdorbenem Abwasser steigt, unbrauchbar für Pflanzen, Tiere und Menschen. Es gibt (in Palästina) und wird Kriege um das Wasser geben, weil es immer mehr Menschen gibt. Doch zuerst müssen wir unsere falschen Glaubenssätze aufgeben. Nicht das Wasser ist knapp, die Zahl der Verbraucher und Verschwender ist gestiegen, so wie hier in Deutschland in der Mark Brandenburg.

Wir produzieren Abfälle durch Verschwendung von Ressourcen. Wir glauben, immer mehr benötigen zu müssen, um es kurz nach Gebrauch wegzuwerfen. Eine riesige Menge an Abfällen türmen sich überall auf der Welt. Wir versuchen, diesen Müll dem Kreislauf der natürlichen Abfallverwertung unterzujubeln. Doch die Natur verweigert die Annahme. Unsere Bemühung, unseren Müll aufzuarbeiten und wiederverwertbar zu machen, ist äußerst halbherzig und daher belastend für Mensch und unseren gesamten Lebensraum, ganz zu schweigen vom grauenvollen Leid, das wir unseren Mitgeschöpfen zu Wasser, zu Lande und in der Luft zumuten. Selbst im Orbit wächst die Menge an Schrott und gefährdet unseren Exodus; oder sollte man es korrekter Flucht von unserem eigenen verbrauchten Planeten nennen, weil er nicht mehr bewohnbar ist?

Unser ständiger Bedarf nach mehr Lebensraum vertreibt Pflanzen und Tiere aus ihrem angestammten Habitat. Wir dringen in ihre Territorien, sie fliehen und mikrobielle Lebensformen, bevorzugen von nun an uns als ihre Wirte. Einstige Tierseuchen werden auf Menschen übertragen. Dagegen haben wir auf Dauer keine Chance. Der Gegner ist unsichtbar, mutiert zu rasch, unsere Offensiven verpuffen. Das Imperium schlägt zurück. Wir werden den Kampf nicht gewinnen. Wir stehen bereits im Kampf mit dem Erreger der Covid-19 Pandemie. Er mutiert rascher, als wir nachrüsten können. Und er ist reich an Erfindungsgeist, neue Verteidigungsstrategien einzusetzen.

Anstatt unserem Planeten zu danken, weil er uns trägt, ernährt, erhält und vor den meisten gefährlichen kosmischen Bedrohungen beschützt, plündern wir ihn stattdessen aus, indem wir seine Kapazitäten überfordern. Immer mehr Menschen erwarten Wohlstand und Überfluss. Als ich während der letzten Monate des Zweiten Weltkriegs zur Welt kam, lebten etwa zwei Milliarden Menschen auf der Erde. Innerhalb von 75 Jahren hat sich die Masse Mensch vervierfacht. Sie ist dabei, sich zu verfünffachen und gar zu versechsfachen. Bereits jetzt werden jedes Jahr 70 Milliarden Tiere für unsere

Ernährung getötet – Tendenz steigend. Ich gönne gewiss jedem ein komfortables, sicheres und sorgefreies Leben, frei von Angst und Sorgen.

Frei von Angst und Sorgen zu sein, könnte eine Suche nach neuen Territorien, nach Öffnung für neue Dimensionen und innerem Wachstum einleiten. Wir können unsere verborgenen Talente für kreative, künstlerische Ambitionen, Interessen für Musik, Literatur oder Philosophien entwickeln und daraus neue Freude und Begeisterung schöpfen. Glück und Freude jenseits von Konsum und Verschwendung wird zum neuen Lebensinhalt. Glückliche Menschen wären eine ungeheure Bereicherung für unseren Planeten.

Zu viele Menschen werden unverzichtbare Dinge teilen müssen. Eine unvermeidbare Verknappung von Ressourcen werden Neid oder gar Verteilungskämpfe auslösen. Für all das, was wir glauben, brauchen zu müssen, wird vieles verschwinden. Wenn ein Mensch pro Tag einhundert Liter Wasser benötigt, wieviel benötigen dann acht Milliarden? Können unser Regenerierungssysteme diese gewaltige Menge erneut bereitstellen? Geben unsere Felder all dies her, um uns zu ernähren? Bevölkerungsreiche Länder betreiben unverhohlen Agrarimperialismus. Ägypten überschritt im März 2020 die einhundert Millionen Einwohnerzahl. Es war kein Tag des Jubelns, denn nur über die Einnahmen aus dem Suezkanal lassen sich die Lebensmittelimporte finanzieren. Nigeria hat über 200 Millionen Einwohner. Die Geburtenrate auf dem afrikanischen Kontinent beträgt vier Neuankömmlinge pro Jahr und Person; in der Region Westsahara liegt die Zuwachsrate sogar bei sieben bis acht Geburten pro Jahr.

Der Bevölkerungsdruck aus der Dritten Welt, den ärmeren Ländern wächst, so dass sich dort viele entschließen, in die reichen Länder abzuwandern, wodurch der positive Effekt einer sinkenden Bevölkerungsdichte dort wieder aufgezehrt wird. In den kommenden Jahrzehnten wird in den armen Ländern die Bereitschaft zur Migration derart zunehmen, so dass sich große Bevölkerungsströme in Richtung der Wohlstandszentren ergießen werden. Heftige Kämpfe um die verbliebenen und immer knapper werdenden Ressourcen werden entbrennen. Das sind Szenarien, die schon vor langer Zeit prognostiziert wurden, doch hat sie nie jemand wirklich ernst genommen.

Was bei all den öffentlichen Diskussionen, Polittalks und Reportagen erstaunt, ist die kollektive Ignoranz über die CO_2-Verbraucher. Der Holocaust an der Pflanzenwelt in der Dritten Welt ist kein Thema. Wir erinnern uns: Wochenlang hingen dunkle Rauchwolken, verursacht durch Brandrodung auf den Inseln Sumatra und Java, über ganz Südostasien. Heute wundern sich die Leute, die einst die Lunte an die Wälder legten, dass sie jetzt gnadenlos überflutet werden. Das Klimaabkommen von Kyoto haben seinerzeit 50% der Kongressteilnehmer nicht unterschrieben oder auf nationaler Ebene nicht ratifiziert. Nicht nur die Amerikaner! Immerhin bezeichneten diese das Vertragswerk wahrheitsgemäß als mangelhaft! Von Bill Clinton kam im Verlauf dieser Konferenz seinerzeit der einzige brauchbare Vorschlag: rigorose Aufforstung mit schnell wachsenden Hölzern, die in der Bauindustrie Verwendung finden könnten. Da die Nationen, die massenhaft Zerstörung an der Pflanzenwelt betreiben, wie zum Beispiel Brasilien, Indien, die Länder Zentralafrikas und Südostasiens aber auch Kanada nicht mit ins Boot zur Reduzierung der Kohlendioxidkonzentration genommen wurden, musste dieses Abkommen scheitern. Denn das anzustrebende Gleichgewicht zwischen Kohlendioxidemission und Kohlendioxidverbrauch wird von Vertretern *beider* Lager erheblich gestört. So mag es zwar zutreffen, dass ein Afrikaner oder ein Inder weniger Kohlendioxid erzeugen, durch die Zerstörung des Lebensraums für Vegetation verhindern sie aber den Verbrauch des

Kohlendioxids. Beide, sowohl die Industrienationen als auch die Entwicklungs- und Schwellenländer, sägen gemeinsam an dem Ast, auf dem wir alle sitzen.

Wie bereits eingangs erwähnt, beschreiben einfache, fundamentale und allseits bekannte Naturgesetze unzweideutig dem Menschen seinen sicheren Untergang, wenn er mit seinem Raubbau fortfährt. Eine effiziente Raumfahrt, die eine sichere Emigration zu neuen Lebensräumen eröffnen würde, ist noch lange nicht in Sicht. Dort erwarten uns Wasser- und Gasplaneten und schier unbegrenztes Siedlungsgebiet.

Versuchen wir auf unsere irdische Situation das Gesetz von den Gleichgewichten anzuwenden:

$$R + N + E \rightleftharpoons M + A + CO_2$$

wobei

R = Ressourcen
N = Nahrung einschließlich Wasser
E = Energie
M = Menschen
A = Abfälle
CO_2 = Kohlendioxid

bedeuten soll.

Wir bilden den Quotienten aus den Produkten der Ausgangskozentrationen und der Eingangskonzentrationen. Im Gleichgewicht ist dieser Quotient konstant!

$$\frac{C_M \times C_A \times C_{CO2}}{C_R \times C_N \times C_E} = K$$

Wächst die Konzentration einer Komponente in einem solchen Gleichgewichtssystem wie zum Beispiel die Konzentration *„Mensch"*, so muss auch eine äquivalente Menge im Nenner wachsen, oder eine entsprechende Menge im Zähler sinken, um den Wert des Bruches konstant zu halten; aber Ressourcen oder das Nahrungsangebot ist begrenzt, weil die Anbauflächen begrenzt sind. Mit der wachsenden Konzentration *Mensch* wächst auch die Menge des Abfalls und des Kohlendioxids.

Sollte sich die Menschheit weiter vermehren, so kann sie das nur auf Kosten anderer Komponenten, wie andere Lebewesen, Nahrungsmittel, Wasser, Ressourcen, Energie, Lebensraum und ähnliches, was eben der Mensch glaubt, alles beanspruchen zu können, um sein Leben zu erhalten. Da aber nichts außer der Energie von außen hinzukommt, die Summe an Nahrungsmittel begrenzt, verfügbare Ressourcen und Lebensraum also konstant bleiben, ist das Gleichgewicht gestört. Die Natur hat bereits begonnen, uns umzuerziehen. Ihre Drohungen sind unmissverständlich. Sie kommt auch ohne uns klar; darum wird sie nicht zögern, ihren Widersacher zu eliminieren. Wir wären nicht die erste Fehlentwicklung, die sich als obsolet und unbrauchbar erweist. Wir werden verschwinden. Das Gesetz der Gleichgewichte wird einen Gleichgewichtszustand erzwingen: auf Kosten der Konzentration *„Mensch"*. Wie schmerzlich diese erneute Gleichgewichtseinstellung verlaufen wird, liegt allein bei uns selbst. Er kann sich für die intelligente Lösung, die selbst auferlegte Reduzierung der Bevölkerungszahl, entscheiden, oder er überlässt dies der Natur und ihren Gesetzen. Sie wird weniger einfühlsam vorgehen und einfach das vernichten, was versucht, sie zu vernichten. An vielen ökologischen Katastrophen ist das bereits demonstriert worden. Eines Tages wird der Planet Erde und seine nichtmenschlichen Bewohner einschließlich der Pflanzen wieder aufatmen können, dann nämlich, wenn sich der

Mensch mit seinem destruktiven Potential auf ein erträgliches Maß zurückgeschrumpft hat. Ein französischer Schriftsteller der Neuzeit, dessen Namen ich leider vergessen habe, formulierte es kürzlich treffend so: *„Der Wald schreitet dem Menschen voran, die Wüste folgt ihm!"*

In den siebziger Jahren des vorigen Jahrhunderts wies anhand von Computersimulationen der Club of Rome in seiner Schrift *Die Grenzen des Wachstums* darauf hin, dass unser System der Verschwendung von Ressourcen, des ständigen Expandieren-wollens und des ungebändigten Bevölkerungswachstums spätestens nach hundert Jahren kollabieren muss. Das hat keinen Politiker aus seinem Tiefschlaf erweckt. Von diesen hundert Jahren sind bereits fünfzig Jahre vergangen!

Unsere Optionen

Wir haben eine ganze Reihe von Optionen, die wir ergreifen können, um die CO_2-Konzentration zu senken; entweder durch geringere Erzeugung oder durch gesteigerten Verbrauch durch die Vegetation.

-Oder wir tun gar nichts und leben so weiter wie bisher und überlassen uns den Vorgaben der Natur. Sie handelt nach dem Le-Chatelier-Prinzip:

Übt man auf ein System, das sich im Gleichgewicht befindet, einen Zwang durch Änderung der äußeren Bedingungen aus, so stellt sich infolge dieser Störung des Gleichgewichts ein neues Gleichgewicht, dem Zwang ausweichend, ein.

Unser Bevölkerungsdruck übt einen Zwang aus! Das Verursacherprinzip ist bekannt, der Schuldige auch. Die Natur wird mit unendlicher Geduld an der Stellschraube Mensch drehen, bis der Ausgleich erreicht ist. Ihre Vorgehensweise wird katastrophal sein.

-Anstatt die Kohlenstoffdioxid-Verbraucher systematisch zu dezimieren, betreiben wie eine rigorose Aufforstung und Bepflanzung verkarsteter Landstriche, Brachflächen und Wüsten. Diese erweiterte „Lungen" unseres Planeten werden vor dem Zugriff des Menschen und dem Profit geschützt und reichlich mit CO_2 versorgt. Riesige Aquakulturen sollen in den Kontinentalschelfen der Weltmeere als Anbaufläche für Algengewächse zur menschlichen Ernährung angelegt werden und ebenfalls mit zusätzlichem CO_2 begast werden.

In den vergangenen Jahrtausenden galten die Heiligen Schriften fast aller Kulturkreise als eine Art Ratgeber zu gottgefälligem Denken und Handeln. Eigenartigerweise befinden sich darin keine Anweisungen zum Umgang mit der Natur. Allenthalben heißt es, du sollst..., aber es heißt nirgendwo, du sollst aktiv Tier- und Naturschutz betreiben oder du sollst die Natur lieben wie dich selbst. Gewiss, vor tausenden von Jahren herrschten andere Verhältnisse auf der Erde. Aber genau das Gegenteil zu empfehlen, konterkariert all unser Umdenken.

Da heißt es:

„Seid fruchtbar und mehret Euch, und machet Euch die Erde untertan!"

Diese Aufforderung in der Bibel, der heiligen Schrift der Juden und Christen, wird von den Anhängern dieser Religionen als Anleitung, ja geradezu als Gebot verstanden. Muslime übertreffen sogar noch die Geburtenrate der anderen Religionen. Dieser Satz hat verhängnisvolle Auswirkungen auf den Umgang der Christen, Muslime und Juden mit der Natur und ihren Schätzen. Man sah in der Natur eben nichts Anderes als einen duldsamen Untertan, einen klaglosen Sklaven, den man rücksichtslos ausbeuten konnte. Kein Gedanke wurde darauf verschwendet, ob und wie lange dieser Untertan noch leistungsfähig blieb. Man verhielt sich so, als ob man den verbrauchten Planeten nach dessen Zusammenbruch einfach durch einen neuen eintauschen könne, ebenso wie man auf dem Sklavenmarkt einen neuen Sklaven erwirbt. Im wahrsten Sinne des Wortes betreiben wir, wider besseres Wissen, eine Politik der verbrannten Erde. Ihn interessiert es einfach nicht, was künftige Generationen auf diesem Planeten vorfinden werden und unter welchen Belastungen sie dann leben müssen. Wir handeln nach dem Grundsatz:

„Nach uns die Sintflut!"

Buddha hingegen lehrte vor etwa 2500 Jahren, dass nur der ein glückliches Leben führt, körperlich und seelisch gesund ist, der auf Ausgleich, Ausgewogenheit, Harmonie, Balance und Gleichgewicht bedacht ist und extreme Ansichten, Denken und Verhaltensweisen meidet. Buddha bezog sich zwar auf die individuelle Lebensgestaltung. Doch ein ausgeglichener Mensch wird auch sein Umfeld ausbalancieren, denn er hat die Wechselwirkung von Innenwelt und Außenwelt begriffen. Umweltverschmutzung ist nichts anderes Innenweltverschmutzung, zwei Seiten einer Münze.

Mahavira, Zeitgenosse von Buddha und der Begründer der Jaina-Religion, lehrte ganz konkret die Achtung und den Respekt vor allem, Mensch, Tier und Natur. Anhänger der Jaina-Religion fegen den Weg vor sich, damit sie nicht versehentlich Insekten töten oder verletzen. In der Neuzeit findet man nur wenige Anhänger der Jaina-Religion. Nelson Mandela aber auch Dostojewskij sind prominente Vertreter. F. Dostojewskij soll gesagt haben:

Solange es Schlachthöfe gibt, wird es auch Schlachtfelder geben!

Doch zurück zu unseren Optionen:

-Unsere Ingenieure isolieren das Kohlendioxid am Ort des Entstehens. Es wir angereichert, isoliert und entsorgt oder recycelt. Das CO_2 aus der Stahlherstellung wird gereinigt und mit Ammoniak zu Harnstoff, einer wichtigen Schlüsselchemikalie, oder mit Wasserstoff zu Methanol umgesetzt. Leitet man Kohlendioxid über glühende Kohle, gewinnt man Kohlenstoffmonoxid. In der Gärungsindustrie erhält man recht reines CO_2-Abgas, während nach technischen Verbrennungsprozessen oder Faultürmen Beimischungen abgetrennt werden müssen.

-Erdgas wird vorübergehend zur Übergangstechnologie favorisiert. Methan ist ein erneuerbarer Energieträger und ist selbst etwa 18mal klimaschädigender als das Kohlendioxid. Es entsteht als Methanhydrat in den großen Flussmündungen, wo dem Meer große Mengen an biologischem Material eingetragen werden. In größeren Tiefen, unter hohem Druck entstehen Erdgashydratfelder. Nur im Methan ist das Verhältnis Wasserstoff zu Kohlenstoff am größten 4 : 1. Schon im Ethan wäre diese Verhältnis bereits nur 3 : 1 und im Propan 8 : 3. Bei der Verbrennung von CH_4 entsteht nur ein Mol CO_2 und zwei Mole Wasser. Es lässt sich als Flüssiggas oder in Druckbehälter zum Verbraucher transportieren. Es eignet sich als mobiler Energieträger. Schon heute treibt es Fahrzeuge, beispielsweise Gabelstapler, in geschlossenen Betriebshallen. Schon heute werden Fahrzeuge, die mit modifizierten Motoren ausgestattet sind, mit Erdgas betankt.

-Erdwärme ist stets und überall verfügbar. Sie liegt uns zu Füßen – allerdings in unterschiedlichen Tiefen. In 10 km Tiefe ist es 180°C warm. Wir bohren bis zu 10 km tief, um Öllager zu erschließen. In 3 km Tiefe ist es bereits 100°C warm. Das würde zum Heizen genügen; zum Betreiben einer Turbine reicht das nicht aus. Vielleicht lässt sich das vorgeheizte Wasser nutzen und es wäre ökonomisch vertretbar, um damit Dampf in Hybridkraftwerken zu erzeugen. Über kommunizierende Röhren kann man selbst Pumpenergie einsparen. In der Klimadiskussion spielt die Erdwärme eigenartigerweise kaum eine Rolle; es herrscht kollektive Ignoranz. Stattdessen ist die aus vielerlei negativen Gründen die Windenergie in aller Munde. Da lässt sich's vortrefflich einander nachplappern. Sie ist abgrundtief hässlich, tötet massenhaft Zug- und Seevögel und bremst wahrscheinlich Wetterereignisse aus.

-Sonnenenergie ist großartig, sowohl als Solarthermie als auch als Fotovoltaik, nur leider nicht zuverlässig verfügbar. Die Parabolspiegelkraftwerke liefern sehr hohe Temperaturen, sodass sich die Wärme in geeigneten Speichermedien, wie zum Beispiel mit Hilfe von Gallium, vorgehalten werden kann.

Ermutigend sind aktuelle Ergebnisse bei der Fusionstechnik. In einem Versuchsreaktor bei Boston konnte ein Plasmastrom über einen längeren Zeitraum aufrechterhalten werden. Immerhin ist ein solches Plasma eine Million Grad heiß und lässt sich nur durch starke Magnetfelder zusammenhalten. Dennoch dürfte ein Prototyp erst in einigen Jahrzehnten zur Verfügung stehen, wenn überhaupt.

Statistik zum weltweiten Bevölkerungs-Wachstum

Letztendlich sollten wir uns nicht scheuen, auch den eigentlichen Verursacher der gegenwärtigen Klimakrise zur Disposition zu stellen. Anhand von einigen aktuellen Zahlen, werden wir sehr rasch einsehen, dass er die beste und nachhaltigste Strategie zur Lösung in den Händen hält. Er muss sich in seinem Verhalten einschränken, nicht durch Verzicht und schon gar nicht durch Armut für Alle. Ich bin für eine unblutige Lösung und für Wohlstand und Versorgungssicherheit für Alle. Es wird keine Opfer oder Verlierer geben und es wird keinen Cent kosten! Allerdings ist Organisationstalent gefragt. Aber eins nach dem anderen. Zunächst ein paar aktuelle statistische Fakten; die Quelle ist der Bayerische Rundfunk und er bezieht sich auf Daten der Vereinten Nationen aus dem Jahr 2020:

Die Erdbevölkerung beträgt derzeit knapp 8 Milliarden Menschen. Am Ende der letzten Eiszeit, vor ca. 8000 Jahren waren es etwa 5 Millionen. Zu Beginn unserer Zeitrechnung waren es etwa 300 Millionen. Die erste Milliarde wurde Mitte des 18. Jahrhunderts erreicht. 1927 waren es 2 Milliarden und 1960 schon 3 Milliarden. Am 31. Oktober 2011 wurde der 7 Milliardste Mensch geboren. Die UN sagt für 2023 die Geburt des 8 Milliardsten Erdenbürger voraus.

Heute kommen pro Jahr weltweit 132.675.000 neue Lebendgeborene zur Welt. Das sind vier Geburten pro Sekunde. Im gleichen Zeitraum sterben 50.275.000 Personen. Pro Jahr wächst derzeit die Erdbevölkerung um 82.400.000 Personen, das entspricht der Bevölkerung Deutschlands, und das jedes

Jahr, Tendenz steigend. Rein rechnerisch ergeben sich etwa alle 10 – 12 Jahre eine weitere Milliarde. Was da an neuem Wohnraum erforderlich ist!

Was tut man, wenn etwas überläuft? Bei einem Eimer dreht man den Hahn zu, bei einer Badewanne kann man auch den Abfluss erweitern. Letzteres hieße, wir würden die Sterblichkeit erhöhen. Unsere Variante soll aber keine Opfer hervorbringen. Keine blutige Lösung! Uns bleibt nur, den Zulauf zu minimieren. Welche Varianten stehen uns zur Verfügung?

Da es sich bei der Klimakrise um ein Geschehen mit hohem internationalen Konfliktpotential handelt, soll die Initiative zur Aufklärung und Beilegung von den Vereinten Nationen ausgehen. Alle Nationen sollen mit den gleichen Pflichten der Menschheit belegt und im Falle einer Verletzung mit gleichen Sanktionen belegt werden. Alle Maßnahmen müssen frei von ideologischen, religiösen oder rassistischen Inhalten, Privilegien und Bevorzugungen sein. Weder Dominanz noch Subordination dienen dem Fortschritt und fördern nur das Aufkeimen von neuen Rivalitäten. Das Ziel ist die Wiederherstellung eines Gleichgewichtszustands, der das Genesen und Erhalt unseres Lebensraums zum Ziel hat, erneut Artenvielfalt zulässt und das Aufflammen von Verteilungskämpfe auf friedliche Weise abgewendet. Die wahren Ursachen von Konflikten werden rechtzeitig erkannt und beigelegt.

Lösungsansätze und Strategien

Wir tun nichts und überlassen es der Natur, gemäß ihren Gesetzen, unseren Planeten wieder auf den Gleichgewichtszustand einzuschwingen. Sie kann das! Sie wird an der Stellschraube Mensch drehen. Es gibt also gar keinen Grund zur Sorge! Die Ausgewogenheit wird mit absoluter Sicherheit wiederhergestellt, auf Kosten der Konzentration ,Mensch' natürlich. Allerdings, sie wird dabei nicht zimperlich vorgehen. Sie wird mit großer Geduld handeln und uns jederzeit die Chance geben, zur Einsicht zu gelangen. Wir sollten niemals vergessen, die Natur überlebt auch ohne uns. Wir wären nicht die einzigen, die hier bereits ausgestorben sind. Ob wir Nachfolger haben werden? Wird es eine Neuauflage *Mensch 2.0* geben? Ziemlich unwahrscheinlich! Wir kommen im Universum nicht sehr häufig vor! Unsere zweite Chance hat eine Wahrscheinlichkeit von $1 : 10^{1.200.000}$. Das ist eine Zahl mit 1,2 Millionen Nullen. Sie könnten mal die Zahl der Sekunden, die seit dem Urknall vergangen sind, errechnen! Denken Sie daran, die Entwicklung zum neuen Menschen müsste sich zwangsläufig im alten Umweltmilieu vollziehen, in einer Umgebung, in der bisher die menschliche Gattung ihre Vorteile nicht zur Geltung bringen konnten, das heißt, sie hat versagt.

Die zweite Variante bestünde darin, von jetzt auf gleich die Geburtenrate weltweit auf null zu setzen. Irgendein Ereignis oder ein charismatischer und glaubwürdiger Redner hätte uns überzeugt, dass dies zwar der radikalste aber auch der rascheste Schritt sei, um zur Ausgewogenheit zu gelangen. Wir erinnern uns: heute kommen pro Jahr weltweit 132.675.000 neue Lebendgeborene zur Welt. Im gleichen Zeitraum sterben 50.275.000 Personen. Pro Jahr wächst derzeit die Erdbevölkerung um 82.400.000 Personen. In unserem Gedankenexperiment gäbe es keinen Neuzugang, aber 50.275.000 Personen verlassen uns auf natürliche Weise. Das wäre in der Summe ein Schrumpfen um 182.950.000 Personen. Das wären in 25 Jahren, etwa der Dauer einer Generation, immerhin 4.573.750.000! also 4,573 Milliarden. In diesem Scenario gäbe es 25 Jahre lang keinen unter 25! Etwa 3,43 Milliarden Menschen teilen sich nun unseren Planeten mit all den Mitgeschöpfen.

Das war reine Mathematik. Doch wie sähe die Realität aus? Üblicherweise übernimmt die jüngste Generation mit 25 Jahren die freigewordenen Plätze der Erwachsenen ein. Durch ihren Beitrag, ihre Arbeit, schafft sie Mehrwert im weitesten Sinne und füllt die Rentenkassen. Wer übernimmt nun in unserem Gedankenexperiment die altersgerechte Arbeit? Die Alterspyramide hätte die Gestalt eines Pilzes auf sehr dünnem Stängel. Wie lässt sich eine solche Situation meistern? Ich weiß es auch nicht, und eine Welle der Ablehnung würde mich niederbrüllen oder auf mediale Weise diskreditieren: Dies sei ein unzulässiger und undurchführbarer Übergriff in die Privatsphäre und Lebensplanung eines jeden einzelnen Menschen. Das alles sei ein Hirngespinst und niemals durchsetzbar. Es hätte keine Chance, in Erwägung gezogen zu werden. Kaum ausgesprochen, schon verrissen. Vielleicht hätte es dennoch Spuren hinterlassen und in einigen wenigen, eine Veränderung im Bewusstsein ausgelöst. Dennoch es muss laut und deutlich wiederholt ausgesprochen werden, damit es als Option erkannt wird und eine Wende in der Hierarchie der Werte erfährt. Es ist kein Grund stolz darauf zu sein, eine Horde Kinder in die Welt zu setzen.

Womöglich ergreift die UN sogar die Initiative und fördert ein globales Programm: Jede Nation verpflichtet sich innerhalb einer gewissen Zeitspanne, etwa 50 Jahre, die Zahl seiner

Einwohner zu halbieren, unabhängig davon, ob das Land bereits überbevölkert war oder nicht! Damit soll Neid, Misstrauen oder Widerstand unterbunden werden. Es würde auch beispielsweise Kanada, Russland oder Finnland betreffen, wohl kaum aber Grönland mit nur 55 000 Einwohner auf 2,17 Millionen km². In 50 Jahren wären wir nur noch vier Milliarden auf unserer Erde.

Durch den Mangel an Heranwachsenden würden neuartige Probleme entstehen. Organisationstalent mit Fingerspitzengefühl ist nun gefragt. Doch das Wohl unseres Planeten als Ganzes wird zur Herzensangelegenheit. Wir könnten ja mal zur Abwechslung das gegenseitige Abschlachten und Ausbeuten sein lassen und unsere Kreativität auf andere Aufgaben ausweiten. Wir könnten mal beweisen, welche schöpferische Intelligenz in uns steckt.

Jeder Heranwachsende absolviert, bevor er zur Berufsausbildung zugelassen wird, zwei soziale Jahre, in der zur Altenpflege ausgebildet wird. Da liegen Erfahrungen vor: Seit etlichen Jahrhunderten zwingt man junge, gesunde, kräftige Männer zum Militärdienst, um sie bei passender Gelegenheit auf einem Schlachtfeld dahinmetzeln zu lassen. Dafür scheinen wir Verständnis zu haben. Ich schlage vor, diesen Brauch aufzugeben und durch zwei Jahre Sozialdienst für alle zu ersetzen.

Wer vorzeitig in Rente ohne Abschlag gehen will, kann das tun, wenn er während dieser Jahre ältere Menschen pflegt und versorgt, bis er selbst sein Rentenalter erreicht hat. Bei uns scheitert alles, weil es angeblich nicht zu finanzieren sei, obwohl genügend Geld vorhanden ist, nur für falsche Dinge ausgegeben wird.

Ich bin mir sicher, dass meine Vorschläge, alles oder nichts, nicht zum Erfolg führen werden, obwohl sie bereits nach 25 Jahren greifbare und effiziente Resultate vorweisen könnte.

Computer müssten unter Abwägung aller Daten Scenarios zum Bevölkerungswachstum durchspielen, wie es in den sechziger-siebziger Jahre der Club of Rome noch mit weniger effizientem Werkzeug tat.

Doch lassen Sie mich meine persönliche Erfahrung mit dem Überspringen einer Generation erging, schildern. Ich wurde mit fünfzig Jahren Vater eines Sohnes. Meine Frau war vierzig. Die Geburt verlief völlig komplikationsfrei. Mein Sohn ist gesund, machte Abitur, studierte aber nicht, zog aus, arbeitet in der Logistikbranche, verdient gutes Geld und hat selbst eine Freundin. Bei gemeinsamen Unternehmungen bekam ich oft die Einordnung als Opa mit Enkel zu hören. Wir hatten eine Generation übersprungen, denn mit 50 hätte ich schon Großvater sein können. Aus meiner Sicht, musste keiner in dieser Konstellation etwas bereuen. Unsere Partnerwahl war sicher und hat sich bewährt. Der Altersunterschied Vater – Sohn war oft problematisch und konfliktgeladen. Das soll auch bei Eltern mit geringerem Altersunterschied vorkommen. Ich hatte eine Menge an Lebenserfahrung und wollte meinem Sohn so manchen Irrweg ersparen. Aber tun das jüngere Väter nicht auch? Mein Vater tat das jedenfalls auch bei unserem Altersunterschied von 27 Jahren. Auch ich wollte mir nichts sagen lassen.

Wäre das nicht eine Option, Nachwuchs erst mit 40 -50 Jahren? Die Fertilisation ist geringer; beim Stand der Medizin wäre es auch für Mutter und Kind kein erhöhtes Risiko. Sicher, Osama bin Laden hatte 53 Geschwister! Das wäre dann wohl nicht zu schaffen. Den Begriff der *Oktomutter* würde man dann auch vergeblich in der Regenbogenpresse suchen.

Ich favorisiere diese Version!

Zusammenfassung

Wer mit wachem Auge durch seinen Alltag läuft, wird zahlreiche Veränderungen bemerken, die je nach individueller Wahrheitsliebe als unbedeutend bis besorgniserregend eingestuft werden müssen. Vieles vollzieht sich langsam und in völliger Stille. Der Vogelgesang ist deutlich karger; kein begrüßendes jubelndes Gezwitscher für den Frühaufsteher. Das hindert Katzenfreunde nicht daran, ihre Biester wildern zu lassen. Keine Nutzinsekten bestäuben seit kurzem unsere Obstbäume. Kirschbäume blühen, bringen aber keine Früchte hervor. Das Wetter und das Klima mahnen deutlicher. Der Planet stöhnt, warnt auf verschiedenen Ebenen. Er hat erkannt, es war eine falsche Entscheidung, eine Spezies wie den Menschen entstehen zu lassen. Nicht der Klimawandel bedroht den Planeten; der Klimawandel bedroht uns Menschen, weil wir den Planeten bedrohen! Homo sapiens hat sich nicht bewährt, weil er sich nicht einfügt und bestehende Gesetzte missachtet. Privilegien muss man sich verdienen und nicht einfach aneignen. Diese brisante Kombination des Menschen an Ignoranz und Arroganz wird uns in den Abgrund führen.

Es geht schon gar nicht mehr um unser Überleben, weil wir unseren Lebensraum rücksichtslos ausgeplündert haben. Es wird auch die betreffen, die unser Raumschiff mit Liebe, Respekt und Achtsamkeit mit unseren anderen Mitgeschöpfen teilten. Ihre gelebte Dankbarkeit gegenüber der verwundbaren Schöpfung war nicht infektiös genug, um sich durchzusetzen in dieser Einöde des Weltraums.

Im letzten Akt werden immer mehr Menschen immer weniger werdende Ressourcen begehren. Der Raubbau wird sich steigern und damit die Verknappung. Die Superreichen werden davon nichts spüren und sich Privatarmeen aufbauen, die mit nie dagewesener Brutalität ihre Herren und deren Pfründe schützen. Das Recht spielt keine Rolle mehr, denn es ist käuflich. Demokratie ade! Leonard Cohen: *Evrything is rotten!* Der Verteilungskampf wird in den unteren, prekären Bevölkerungsschichten stattfinden in Form von Bürgerkriegen und sinnlosen Revolten. Die Waffenkammern sind bis unter die Decke gefüllt. Heimlich werden Pandemien verbreitet, befördert durch Massenmenschhaltung und verdichtetem Wohnraum.

Es wird mit einem massenhaften Verlust an Menschenleben einhergehen, sei es durch Unwetter, Völkerwanderungen, Wassermangel, Pandemien, Hunger oder Verteilungskämpfe. Die Natur verschafft sich wieder ausreichend Verdunstungsflächen für Wasser und reguliert den Kohlendioxidgehalt selbst. Das Gleichgewicht auf Erden wird auf alle Fälle wiederhergestellt Da können wir absolut sicher sein!

Schließlich werden sich irgendwann einmal zwei Planeten im Weltraum begegnen. Der eine heißt Erde und er fragt:

„Wie geht's denn so?"

„Ach, nicht so gut!", antwortet der andere. „Ich leide an einer Menschheit!"

„Ach, da mach dir mal keine Sorgen!" beruhigt die Erde. „Das geht rasch vorbei!"

Bei Anregungen wenden Sie sich bitte an den Verlag BoD